たった1年で利益を
10倍にする

建設業のための経営改善バイブル

建設業経営コンサルタント
中西宏一
Nakanishi Koichi

幻冬舎MC

たった１年で利益を10倍にする
建設業のための
経営改善バイブル

はじめに

「こんな計画、絵に描いた餅だ！」

　新しい顧問先の会社で、初めて金融機関と経営改善についてのミーティングに臨んだ私に対し、メガバンクの担当者から投げかけられた言葉である。

　売上は同じまま粗利益を上げる。利益率を今より10％上げる。その方法は目標利益を設定し、粗利益を意識させること──。

　皆、半ば失笑していたのを今でも強く覚えている。私の30分程の説明の間、真剣に聴いてくれていたのは、その会社のメインバンクである地方銀行の担当者だけだっただろうか。最後に、「1年後、結果で証明します」と悔しさを噛み殺しながら言うことしかできなかった。

　そして1年後。結果は3カ年計画の3年目の数字をも大きく上回るものだった。その後も業績はさらに上積みされ、現在も改善傾向が続いている。

　1人で会社を起業して、2017年で10年目に突入する。今まで、ゼネコン、建築会社、土木会社、住宅会社、リフォーム会社、設備会社、電気工事会社、内装会社、建築資材メーカー、そして最近では設計事務所まで関わらせていただいている。

　今までの顧問先は合計34社。関与後に決算が出た会社が29社。お陰様で、その29社全てにおいて業績改善を実現している。

　通常レベルの改善も1～2割あるものの、概ね粗利益が5～10倍、多い場合は70倍以上という劇的な改善だ。

　手法は、どの会社に対してもほとんど変わらない。複雑な仕組みも

原価計算ソフトも一切使わない。使ってもエクセルシート数枚のみである。

一般的なコンサルタントからすれば「そんなことだけで結果が出るのか？」というようなことばかりだと思う。

また、ここ数年は金融機関をはじめ、様々な方から「中西さんのノウハウを教えてほしい」とも頻繁に言われる。

そこで、本書で述べるようなことを話すと、ここでも皆さん怪訝(けげん)な顔をされる。ある会社では、劇的な改善がなされたものの、結果的に社員が数人辞めたため、ある機関の人からコストカッターと言われる始末だ。

「最初からコストダウンは考えていない、コストダウンは必要ないって言ったでしょう！」と何回言っても分かってくれない。

利益目標を定めて、皆で目指す

それがそんなに難しいことだろうか。そんなにあり得ないことなのだろうか。どうも、簡単すぎるから信じてもらえないようだ。

こういうやりとりは今でも、他の会社で毎回のようにある。経営者の皆さんも最初は半信半疑の様子で、何回か話をしていくうちに少しずつ「こいつは何とかしてくれるかもしれない」と思っていただけるようだ。

しかし、なかなか理解してもらえないのが、金融機関を含めた各機関の関係者の方である。結果が出たとしても、「それは市況が良かったから」とか「オリンピックが近づいているからだ」とか、皆さんが理解できる理由（外部環境のためとか経費削減の結果）でなければ決して認めてくれない。

多分、本書で紹介する私の経営改善の手法は、誰にでも腹落ちするものではないのかもしれない。しかし、経営に苦しんでいる経営者の方たちは、少しは分かってくれるのではないかと思っている。

本書は、経営不振に陥った建設会社および建設関連企業の経営を改善するための具体的なノウハウをまとめたものである。一つひとつはごく基本的なことだが、本書の内容をそのまま実行すれば、規模や業種を問わず建設業の業績は必ず上向くはずだ。

今すぐ経営改善が必要な会社はもちろん、現在は追い風が吹いて比較的業績好調だが、将来を考えると今のうちにぜひ経営体質を強化したいという会社にとっても、必ずや参考になるものと確信している。

日本全国の建設業者にとって、抜本的な経営改革のきっかけにしていただければ幸いである。

株式会社k・コンサルティングオフィス
代表取締役　中西宏一

目次

はじめに …………………………………………………………… 002

第1章
低利益率の改善が建設業の急務
オリンピック特需の裏で迫る「業界の危機」…………………… 011

大手を中心に好業績に沸く建設業界……………………………… 012
オリンピックまで続きそうな追い風……………………………… 014
建設投資は長期的に見ると減少トレンド………………………… 017
今後、ますます深刻化する人手不足……………………………… 020
建設業は構造的な「低利益体質」………………………………… 023
他力本願が染みついた業界体質…………………………………… 027
何の役にも立たないコンサルタントや税理士・会計士………… 029
今こそ経営改善に踏み出す最後のチャンス……………………… 032

第2章
経営改善の前にまず認識すべき5つの課題
自社を"高利益体質"へ変革するカギとは？…………………… 035

〈課題1〉会社の純利益が著しく低い…………………………… 037
　売上にばかりこだわる経営者…………………………………… 037
　最大の理由は「売上至上主義」………………………………… 038
　妙なプライドや「人を遊ばせておけない」という感覚論も… 040
〈課題2〉利益が出ない年度には数字操作を行う……………… 043
　赤字回避のため横行する粉飾決算……………………………… 043
　建設会社の経営悪化サイクル…………………………………… 045
〈課題3〉会社全体に利益を上げるという意識が低い………… 049
　実行予算書があっても正しく機能していない………………… 049

〈課題４〉社内のコミュニケーションが取れていない…………… 052
　　経営者も社内連携が取れていないことを認識していない……… 052
　　社員教育や原価管理は手段に過ぎない………………………… 054
〈課題５〉余計なことに時間と手間を掛けすぎる………………… 056
　　長時間の会議や分厚い資料が横行……………………………… 056
　　細かな経費削減の意識は不要…………………………………… 057

第3章
経営改善に絶対必要な４つのルール
これを守るだけで組織が劇的に変わる………………………… 061
〈ルール１〉正しい経営データを把握する………………………… 063
　　まずは過去３年分の採算データを見直す……………………… 063
　　必ず「完成基準」を用いる……………………………………… 066
〈ルール２〉年間の「必要粗利益額」を全社の最重要目標とする…… 070
　　売上ではなく利益の向上を目指す……………………………… 070
　　「必要粗利益額」の算出方法…………………………………… 071
　　ボーナスは可能な限り改革１年目から出す…………………… 074
　　業務の遂行は予算先行管理で…………………………………… 075
〈ルール３〉「必要粗利益額」を達成するため組織改革を断行する… 078
　　必ず現れる抵抗勢力……………………………………………… 078
　　新しいリーダーを社内から抜擢する…………………………… 080
〈ルール４〉コミュニケーションの仕組みと社風を根付かせる… 082
　　経営本を読むより社員の意見を聞くほうが早い……………… 082
　　定例会議を必ず実施する………………………………………… 084

第4章
たった1年で利益を10倍にする経営改善の8ステップ
リストラもコストカットもまったく不要 ……………………………… 087

- 〈STEP 1〉経営者が「危機意識」を持つ ……………………… 089
  - 経営者の意識改革が出発点 ………………………………… 089
  - 自社の状況を反映した正しい数字を確認する ……………… 090
- 〈STEP 2〉年間の「必要粗利益額」を算出する ……………… 092
  - 「必要粗利益額」を目標とする ……………………………… 092
- 〈STEP 3〉現場の規模やタイプ別に「利益率を設定」する …… 093
  - 売上と目標粗利益額から利益率は当然、決まる …………… 093
  - 業種や規模ごとに利益率の設定を変える …………………… 094
  - 実は少額工事は宝の山 ……………………………………… 095
- 〈STEP 4〉「経営計画」の作成と「営業戦略」の再検討 ……… 099
  - 向こう3カ年の「経営計画」を策定する …………………… 099
  - 営業戦略を見直す …………………………………………… 102
  - 取引先の見直しも辞さない ………………………………… 105
  - 重点営業先は新規ではなく既存顧客 ………………………… 108
  - 与信管理は感覚に頼らない ………………………………… 109
  - 収益構造を再検討してみる ………………………………… 110
- 〈STEP 5〉「全社員との面談」を実施する …………………… 112
  - 一番の目的は会社の現状把握 ……………………………… 112
  - 女性社員やパート社員の意見が重要 ………………………… 113
  - 問題点を抽出し、対応策を立てる …………………………… 113
- 〈STEP 6〉「組織改革」の骨子をまとめる …………………… 118
  - 1年程度をめどに作成する ………………………………… 118

腹を括って判断する……………………………………………… 118
　　問題社員はまず配置換えする…………………………………… 119
〈STEP 7〉「社員説明会」を実施する……………………………… 121
　　社員に対する説明会を開催……………………………………… 121
〈STEP 8〉「各種定例会議」で数値の進捗管理を徹底する……… 124
　　利益進捗状況の管理……………………………………………… 124
　　間違った進捗状況の確認の仕方………………………………… 127
　　実行予算書による管理を徹底…………………………………… 129
　　原価管理のカギは仕入が握る…………………………………… 130
　　会議は必ず定期的に実施する…………………………………… 131
　　年度の残り３カ月付近には、来年度の経営計画を立てる……… 135

第5章
永続的に自社を発展させる経営改善の"仕組み"を作る

　目標達成のために仕組みを整備する………………………………… 138
　営業部門の仕組み……………………………………………………… 139
　　受注金額の決め方………………………………………………… 139
　　営業会議の定例化………………………………………………… 140
　工事部門の仕組み……………………………………………………… 142
　　実行予算書の在り方……………………………………………… 142
　　原価管理の本質…………………………………………………… 144
　　資材や下請け工事の価格交渉…………………………………… 145
　人事の仕組み…………………………………………………………… 147
　　組織図の在り方…………………………………………………… 147
　　正しい人材採用の仕方…………………………………………… 148
　　人事考課は絶対にすべし………………………………………… 149

財務の仕組み……………………………………………………… 153
　　　資金繰り表の作り方…………………………………………… 153
　　　金融機関の選び方、付き合い方……………………………… 154
　　　資産売却について……………………………………………… 157

第6章
短期間で抜本的な改革を成し遂げた企業のケーススタディ

　　ケース１ ……………………………………………………………… 160
　　　年間約3000万円の営業赤字と
　　　売上高に匹敵する借り入れがあったが、
　　　わずか１年で約３億円の営業黒字にまで急回復

　　ケース２ ……………………………………………………………… 165
　　　売上高２億円で借り入れ２億円の設計事務所。
　　　社内のコミュニケーションを改善し
　　　外注費を大幅に圧縮することで黒字化達成

　　ケース３ ……………………………………………………………… 169
　　　賃貸収入でなんとか黒字の建設会社。
　　　赤字受注をすべてストップすることで
　　　より強固な経営基盤の構築へ

　　ケース４ ……………………………………………………………… 172
　　　公共工事の元請けをしていたが
　　　経営難から下請けにビジネスモデルを転換。
　　　資金繰りが大幅に改善し経営も安定

ケース5 175
　会社幹部5人が中心の建設会社。
　幹部5人全員がサポート業務に回り、若手管理職を抜擢。
　社内コミュニケーションが飛躍的に改善、業績もV字回復
おわりに 180

装丁／田中正人（モーニングガーデン）

第 1 章

低利益率の改善が建設業の急務

オリンピック特需の裏で迫る「業界の危機」

第1章　低利益率の改善が建設業の急務

大手を中心に好業績に沸く建設業界

　今、建設業に追い風が吹いている。

　スーパーゼネコン4社の2016年3月期連結決算は各社とも、かつてのバブル景気時を超え、最終利益が過去最高を更新した（図表1）。

　売上高トップの大林組は最終利益だけでなく、売上高とすべての利益項目が過去最高になった。鹿島建設は24年ぶりの最高益で、営業利益が前期の約8.8倍になった。清水建設は25年ぶりの最高益で、建築工事の利益率は前期のほぼ倍となり10.3％を記録した。大成建設も24年ぶりの最高益である。

　2008年のリーマンショック後、建設業は厳しい経営状態が続いたが、2011年の東日本大震災の復旧・復興工事をきっかけに上向きはじめた。

　さらに2012年12月に誕生した第2次安倍政権が打ち出した「アベノミクス」による景気回復で、都市部の再開発事業やオフィスビルなど民間の建設需要も急回復している。

　一部で人手不足や建築資材の値上がりはあるが、好採算の工事が増えて空前の好景気になっているのである。

　2017年3月期については各社減益を予想しているが、むしろ「儲け過ぎ」と言われないようにという余裕の表れであり、高い利益水準が続くことは間違いない。

図表1　スーパーゼネコン4社の業績

社名	売上高	営業利益	経常利益	当期利益	建設受注高
大林組	17,778　(0.2)	1,063　(2.2倍)	1,112　(85.6)	634　(2.2倍)	14,002　(9.5)
	19,150　(7.7)	950　(▲10.7)	985　(▲11.4)	630　(▲0.7)	12,750　(▲8.9)
鹿島	17,427　(2.9)	1,110　(8.8倍)	1,133　(5.3倍)	723　(4.8倍)	11,880　(9.8)
	19,000　(9.0)	850　(▲23.5)	900　(▲20.6)	600　(▲17.0)	12,200　(2.7)
清水建設	16,649　(6.2)	946　(89.2)	955　(69.8)	593　(77.6)	12,846　(▲9.6)
	15,700　(▲5.7)	940　(▲0.7)	960　(0.5)	650　(9.6)	13,600　(5.9)
大成建設	15,458　(▲1.7)	1,174　(66.8)	1,177　(58.1)	770　(2.0倍)	13,309　(▲4.5)
	15,400　(▲0.4)	1,000　(▲14.9)	1,000　(▲15.0)	700　(▲9.1)	12,950　(▲2.7)

注：単位億円。上段は16年3月期実績、下段は17年3月期見通し。カッコ内は前期比増減率％、▲は赤字またはマイナス、建設受注高は単体

図表2　建設業の倒産件数と負債総額の推移

（注）負債総額1,000万円以上

出典：東京商工リサーチ「倒産月報」

建設業の好調ぶりは倒産件数の減少にも表れている（図表２）。2014年の建設業の倒産件数は６年連続で減少し、わずか1965件と、過去20年で最低になった。負債総額も、ピーク時には２兆4980億円あったのが、今や2360億円弱と10分の１のレベルである。

建設業界は、スーパーゼネコンを頂点に一次下請け、二次下請けなど何段階にもなった重層下請け構造になっており、上位企業の利益改善が下位企業にも順次、及んでいく。

こうして、大手だけでなく中小零細に至るまで、全国的に多くの建設会社がいま、ひと息ついているのだ。

オリンピックまで続きそうな追い風

今後も、2020年東京オリンピックの開催にともない、新国立競技場をはじめ様々なインフラ整備が予定されている（図表３）。

五輪に関係する直接的な投資は約１兆円といわれているが、そのほかにも民間ホテルの新築や都心の再開発、商業施設の建設といった間接的な需要も見込まれる。

こうしたオリンピック関連の建設投資は10兆円に達すると予想されており、さらに上振れする可能性が高い。

過去にオリンピックが開催されたオーストラリアや英国のケースを見ると、関連施設はオリンピックが開催される前までに完成させる必要があるため、建設投資のピークは開催される年の２〜３年前になる

図表3　主なオリンピック関連建設プロジェクトの例

	案件名	事業規模	着工開始（予定含む）	完成目途	詳細・進捗等
会場設置	オリンピックスタジアム	上限1550億円	未定	2020年	計画検討中
会場設置	競技施設・選手村	約3000億円	2016年頃	2019年	計画検討中
宿泊	民間ホテル	約8000億円	2015年	2020年	老舗ホテル改修、都心新規開業
その他プロジェクト／交通	首都圏3環状線	約2兆円	2000年	2020年	神崎IC～大栄JCT開 (15/6月)
その他プロジェクト／交通	羽田成田直結線等	約2兆円	未定	2020年頃	計画検討中
その他プロジェクト／再開発	豊洲・築地	約4兆円	2014年	2016年	築地市場の豊洲への移転
その他プロジェクト／再開発	日本橋・銀座	約4兆円	2014年	2018年	デパート建て替え等
その他プロジェクト／再開発	品川・田町	約4兆円	2016年頃	2020年	品川～田町間に山手線新駅開業
その他プロジェクト／再開発	新宿・渋谷・池袋	約4兆円	2014年	2020年頃	新宿西口・渋谷駅・池袋西口再開発
その他プロジェクト／再開発	臨海部カジノ	約8000億円	未定	—	計画検討中

出典：報道情報、日経BP［2015］、三菱UFJモルガン・スタンレー証券［2013］、みずほ総研［2014］、各社リリースなど

図表4　関連建設投資の発現パターンの予想

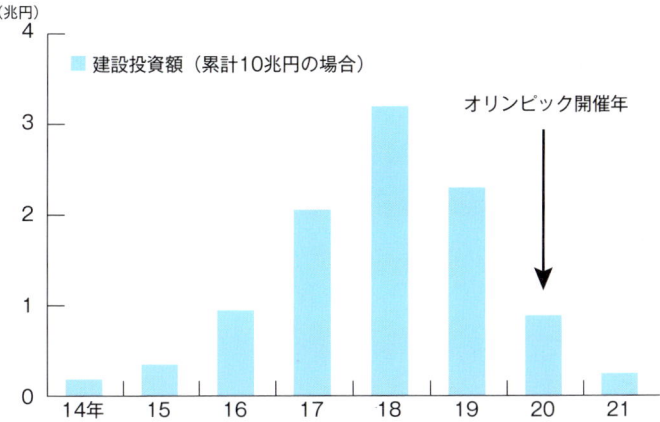

（注）発現タイミングは、シドニーオリンピック時のパターン（Madden and Crowe［1998］、主に会場施設建設）を参考にして試算。

出典：Madden and Crowe［1998］、内閣府など

のが一般的だ。

　したがって今回の東京オリンピックの場合も、おそらく2017〜2018年頃に建設投資が大きく増加するだろう。民間のプロジェクトを含め、多くの工事案件が出てくるはずだ（図表４）。

　もちろん、震災復興事業や国土強靭化基本計画に伴う公共工事も引き続き見込まれる。

　一時に比べると工事単価の伸び悩みが見られるようだが、建設業界には今後２〜３年は引き続き、かなりの追い風が吹くものと思われる。
　好採算の工事が増え、大手から中堅、零細まで、建設会社の経営には明るい光が見えている。

建設投資は長期的に見ると減少トレンド

　目下は絶好調、2020年東京オリンピックに向けても追い風が吹き続ける建設業界だが、手放しで喜ぶわけにはいかない。

　まず、オリンピックが終わった後には当然、反動が生じる。
　2012年にオリンピックが開催されたイギリスの場合、開催地が決定した2年後に関連の建設投資はピークを迎え、その後、開催年に向かって徐々に減少し、開催後も減少が続いた。
　1994年に冬季オリンピックが開催されたノルウェーでは、外国からの観光客は増えたものの、メイン会場があったリレハンメル市内のホテルの40%がその後、倒産したといわれる。

　日本の場合、東京都心部の再開発プロジェクトやリニア新幹線など大型案件がオリンピック以降も続くので、さほど心配ないという向きもある。
　しかし、国内の建設投資額は長期的に見れば減少トレンドが続いている。名目建設投資は、1992年の84兆円をピークに、20年間にわたって右肩下がりが続いてきた。特に、民主党政権時には公共事業の削減と景気停滞のため、建設投資額はバブル期の約半分にまで落ち込んだ。
　いまは2010年を底に上昇に転じているが、ピーク時にははるかに及ばない。トレンドが変わったとは、とても言えないだろう（図表5）。

　建設投資の内訳は現在、民間部門（民間工事）が全体の54.2%、政府部門（公共工事）が45.8%でほぼ半々の割合になっている（図表6）。

図表5　国内建設投資の推移

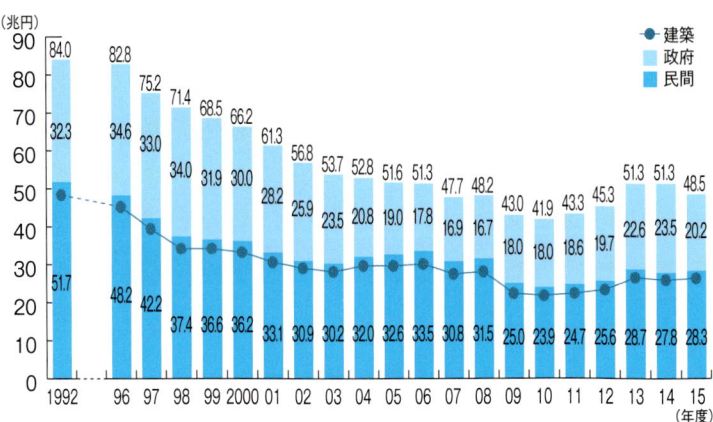

(注) 1. 13、14年度は見込み額、15年度は見通し額
2. 政府建設投資のうち、東日本大震災の復旧・復興等に係る額は、11年度1.5兆円、12年度4.2兆円と見込まれている。これらを除いた建設投資総額は、11年度40.4兆円（前年度比3.6％減）、12年度40.7兆円（同0.6％増）。

出典：国土交通省「建設投資見通し」（2015年10月発表）

図表6　建設投資の内訳

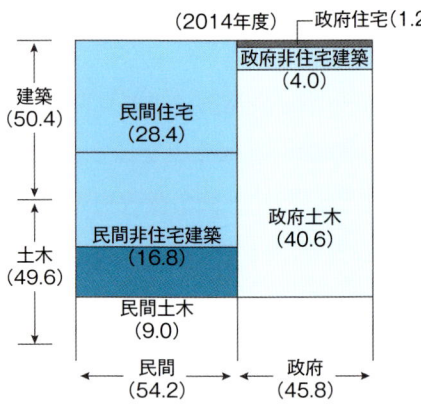

(注)（　）内は投資総額を100とした場合の構成比（％）

出典：国土交通省「建設投資見通し」

工事別に見ると、民間部門の大半は建築工事、特に住宅だ。一方、政府部門はほとんどが土木工事である。

　今後、人口の減少がさらに進めば、民間の住宅工事は当然、減っていくであろう。働く人が減ってオフィスが余ってくれば、オフィスビルなどの工事も減らざるを得ない。

　政府部門も、今は東日本大震災の復興工事や国土強靱化基本計画の関連工事などが続いているが、ＧＤＰ（国内総生産）の２倍を超える政府債務があり、やがて縮小に転じる可能性が高い。いつまでも景気対策の公共工事を当てにするわけにはいかない。

　建設業界の将来については決して楽観視できないのである。

第1章　低利益率の改善が建設業の急務

今後、ますます深刻化する人手不足

　建設業の将来において、建設投資の縮小と並んで深刻な問題になりそうなのが人手不足だ。

　単品受注生産を基本とする建設業では、需要の波に応じて生産調整、在庫調整を行うといったことができない。むしろ、人手不足によって受注のチャンスを逃したり、事故やミスにつながって採算悪化の原因になったりする。

　民間調査機関によると、1997年から2010年にかけて建設投資額が大きく落ち込むのとともに、業界の就業者数も685万人から大幅に減少した。特に、建設投資額が過去最低に落ち込んだ2010年前後に多くの技能労働者が廃業したり転職したりした（図表7）。

　最近は多少増加しているが、それでも2014年には505万人で、ピーク時に比べて26％少ない。

　また、減少した職種別では現場を支える技能工・建設作業者が大きく減少している（120万人減）。そのため、建設投資が上向いたここ数年、現場の人手不足が深刻化しているのだ（図表8）。

　人件費の上昇とも相まって、入札が不調に終わったり、工事に着手できなかったりするケースがあちこちで発生している。

　入札不調はこれまで地方や小規模な工事に多いとされてきたが、最近では都内の大型工事でも発生しており、全国的な現象となっている。

図表7　建設業の就業者数の推移

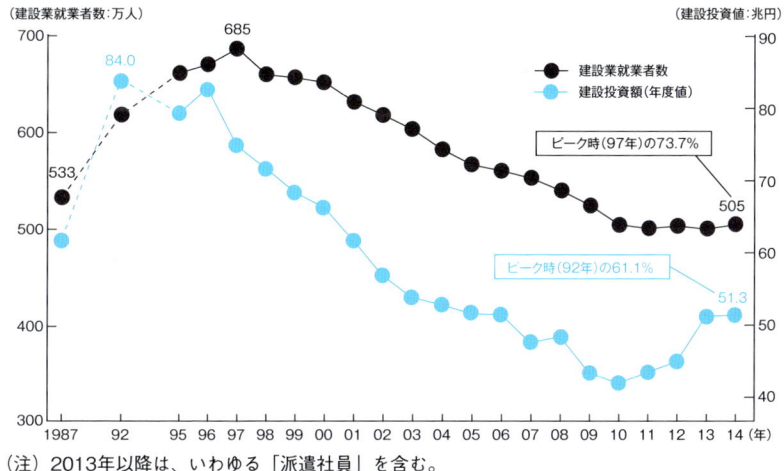

（注）2013年以降は、いわゆる「派遣社員」を含む。

出典：総務省「労働力調査」、国土交通省「建設投資見直し」

図表8　職種別の就業者数の変化

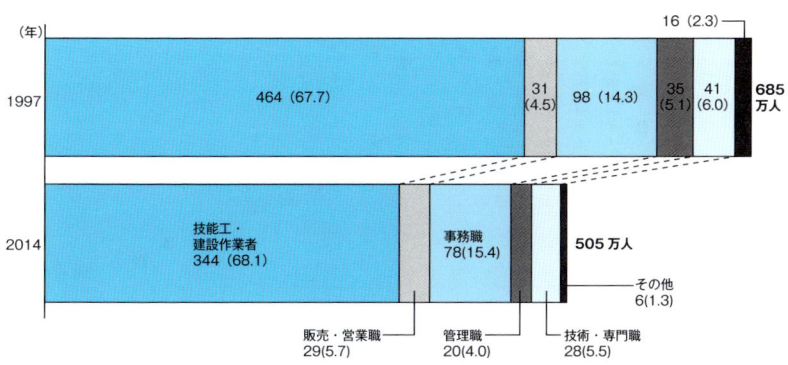

出典：総務省「労働力調査」

第1章　低利益率の改善が建設業の急務

　人材不足に関して注目されるのは、若者の建設業離れが進んでいることだ。代表的な３K職種とされる建設業では、これまでは他業種より比較的高い賃金が吸引力となっていたが、もはやそんなことはない。下請け作業員の場合、コンビニ店員の時給と変わらないケースもあるといわれる。

　その結果、建設業の就業のうち29歳以下の若年層が占める割合はバブル期の20％から、現在は約10％にまで低下。その分、55歳以上の高齢者の割合が全体の３分の１にまで増えている（図表９）。
　就業の高齢化はどの業界も多かれ少なかれ共通する問題だが、建設業ではより深刻であり、今後も解消の目途は立っていない。

図表９　年代別の就業者割合

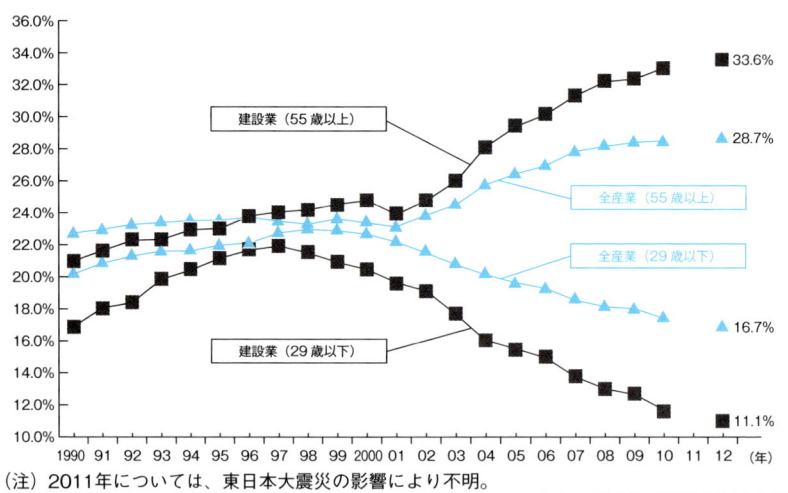

（注）2011年については、東日本大震災の影響により不明。
出典：総務省「労働力調査年報」

建設業は構造的な「低利益体質」

　さらに、将来を見渡しての根本的な問題は、建設業の低利益体質が一向に改善していないことだ。

　世の中の会社の7割は赤字といわれるが、建設業の場合もっと多い。実質的には8割以上が赤字だろう。
　なぜなら、利益率が低いため、受注が少し落ち込んだり、赤字現場がいくつかあるとすぐ会社全体が赤字に陥ってしまうからだ。利益を確保できなければ優秀な従業員を確保することは難しく、工事の品質や安全性さえ危うくなる。

　建設業の利益率は、バブル崩壊後の建設市場の長期停滞、競争激化などにより2000年代初めまで低下傾向が続いた。産業別の営業利益率で、建設業は下から数えたほうが早かった。
　その後は若干回復したものの、リーマンショック後の急激な景気悪化により再び1％台前半まで低下。近年は建設市場の回復を背景として上昇傾向にあり、2013年度は前年度に続き1996年以来の2％台となった。それでも製造業の平均から比べると半分程度だ（図表10）。

　最近、業界トップからは「最低でも5％は確保できるような産業でありたい」といったコメントが聞かれる。建築工事の利益率が10％を超えてきたスーパーゼネコンはよいとしても、業界全体としての利益率改善への道のりは遠い。
　建設業の利益率が低い理由のひとつは、労働生産性が低いことにあ

図表10　産業別、企業規模別（建設業）の利益率の推移

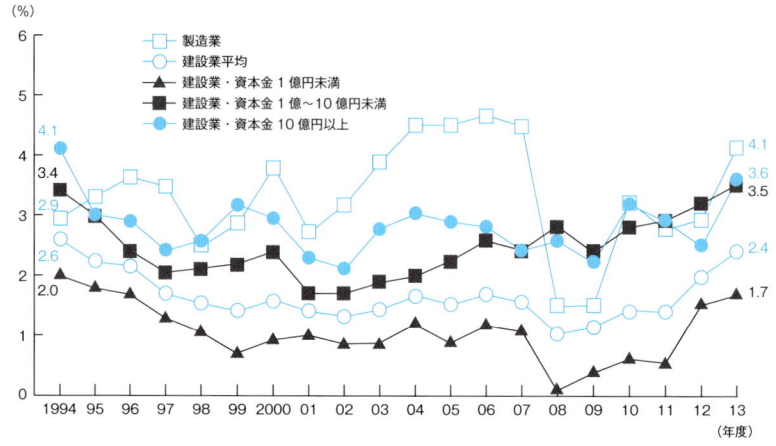

出典：財務省「法人企業統計調査」

る（図表11）。

　労働生産性とは、従業員一人当たりの付加価値を示す指標であり「付加価値額÷（従業員数×労働時間）」で表される。付加価値は、総生産額から原材料費と機械設備などの減価償却分を差し引いたもので、人件費、利子、利益の合計に等しい。

　1990年代に製造業などの生産性がほぼ一貫して上昇したのとは対照的に、建設業の生産性は大幅に低下した。

　これは主に、単品受注生産という建設業の特性や工事単価の下落などによるものと考えられる。近年は2008年を底に、わずかずつではあるが上昇しているが、他の産業との差は開く一方だ。

図表11　労働生産性の比較

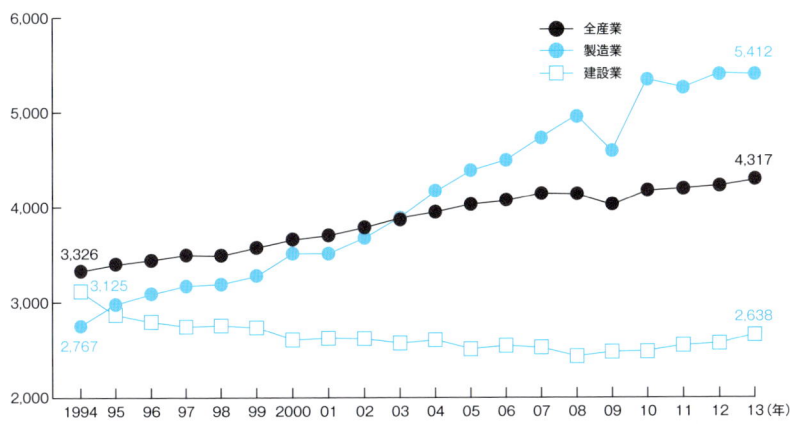

(注)　労働生産性＝実質粗付加価値額（2005年価格）／（就業者数×年間総労働時間数）
　　　出典：内閣府「国民経済計算」、総務省「労働力調査」、厚生労働省「毎月勤労統計調査」

　最近でこそ、好採算の工事が増えてひと息ついているが、不況になればまた大手から中小、零細までダンピング合戦が横行するのは目に見えている。

　ダンピングが発生する理由は、多くの建設会社に「入札対応能力」が無いことにある。入札対応能力とは、契約金額が原価に見合わなければ受注を見送ることができる財務的な余力のことだ。

　ところが、今なおほとんどの建設会社に財務的な余力はなく、工事件数が少なくなれば無理をしてでも受注に走り、落札価格の相場がどんどん下がりダンピング合戦になる（図表12）。

　そもそも適正利益を確保するには、工事ごとに原価を把握し、予算

管理を行わなければならない。ところが、多くの建設会社では工事ごとの原価把握も予算管理も正しく行われていない。

むしろ、採算が悪化する可能性があれば、安易な経費の付け替えや恣意的な利益計上が繰り返され、結果的に何が何だか分からない"どんぶり勘定"になってしまう。結局、工事が終わってみないと、果たして赤字なのか黒字なのか、黒字だとしてもいくら儲かっているのか、自分たちでさえも分からない状況に陥っているのだ。

そんなやり方では利益率を引き上げることなど、いつまでたっても無理である。

図表12　入札対応能力とダンピング

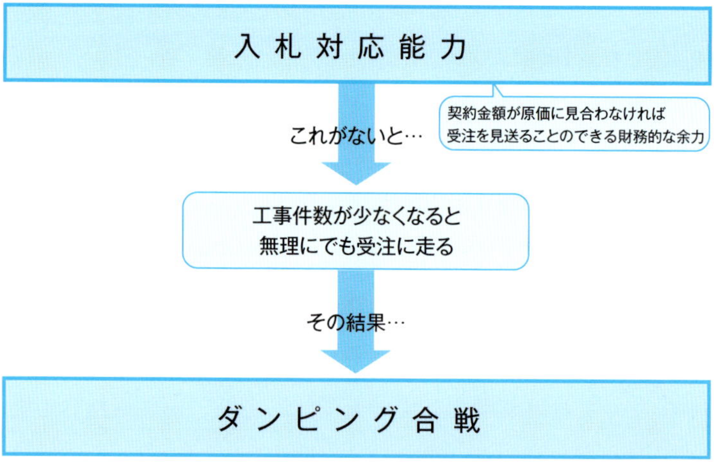

```
         入 札 対 応 能 力
                                  契約金額が原価に見合わなければ
         これがないと…            受注を見送ることのできる財務的な余力

         工事件数が少なくなると
         無理にでも受注に走る

         その結果…

         ダ ン ピ ン グ 合 戦
```

他力本願が染みついた業界体質

「自分の力でなんとかしよう」という発想が希薄なのも、建設業の特徴である。

一時、人件費や建設資材の値上がりが経営を圧迫しているといわれたが、果たしてどこまでが本当だったのだろうか。業績が悪いことの口実として使われていた側面もあるように思う。

建設業者はよく、「ひどい時代だね」「今は悪いけれど、いつか景気は良くなるだろう」「みんな悪いから仕方ない」と他人事のように口

図表13　建設業界でよく聞かれる他人事フレーズ

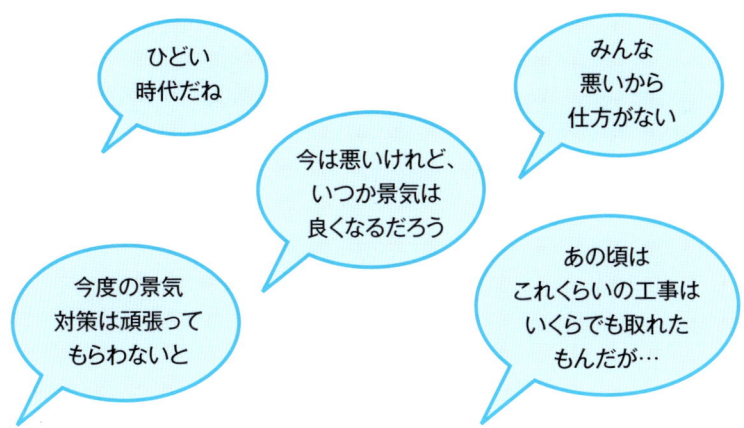

にする（図表13）。火の粉が足元に迫っているのに、まるで対岸の火事をじっと眺めているかのようだ。

　景気が低迷してもちゃんと利益を出している企業はいくらでもある。他業界では、自社の業績の悪さを時代や景気のせいにすることは少ない。他社はだめでも、自社はなんとかしようと発想する。

　私の地元の石川県は商工会・商工会議所などと連携し、県内中小企業の様々な経営課題に対応するため、外部の専門家を３カ月間無料で派遣する「企業ドック制度」を設けている。

　私も以前、その認定ドクターを務めていた。この制度は予算オーバーするほど多くの企業が利用しているが、建設業者の申し込みは他業種と比べて驚く程少ないといわれている。

　経営改善に本気で取り組もうとしているのか、疑問を感じたものだ。

何の役にも立たないコンサルタントや税理士・会計士

　建設会社の経営改善への取り組みに関連して、ぜひコメントしておきたいのが、世の中に数多く存在する様々な経営コンサルタントである。

　これまで私がコンサルティングに入らせていただいた会社では、それまで別の経営コンサルタントが入っていたケースが少なからずある。ところが、それらの会社はコンサルタントが入っていたにもかかわらず、全く業績が上がっていないか、むしろ下がっているくらいだった。また、社内の雰囲気も最悪の状態であった。

　それにもかかわらず、当のコンサルタントたちは何年も顧問契約を続けており、「業績が悪いのは言うことを聞かない社員のせい」「自分たちは悪くない」と言い切る人もいるのには心底驚いた。

　こういうコンサルタントは大体、多額の費用と時間をかけ事前調査を行い、表面的にもっともらしいことを書きつらねた分厚い事業計画書を作成する。

　そして、当たり障りのない現状分析を踏まえ、他社で使ったような実行予算書を引っ張り出し、「これを使いなさい」と言うだけである。

　また、月1回程度の会議には参加するものの、業績の確認を行うだけで、「もう少し利益を上げたいですね」などと言って帰っていく。利益がどうやったら上がるかを皆、知りたいのである。

　そういった個人コンサルタントやコンサルティング会社のコンサルタントから、「中西さんは、どんなふうにしてこの会社の業績をこんなに上げられたのですか？」と私はよく聞かれる。

逆に、「御社が経営改善させたケースではどのように行ったのですか？」と聞くと、「何かやって業績が上がった会社なんてほとんどありませんよ。私たちは改善計画書を作成し、経営者に説明して、月1回のモニタリングで状況を確認しているだけです」と平然と答える。

さらに、「経営者から、どのようにしたら業績を上げられるのか尋ねられませんか？」と聞き返すと、「それを考えるのは経営者の仕事です」と言い切るのである。

多くの中小企業診断士も同様である。文字通り、企業を診断・調査するのが仕事なのだから、様々な分析や資料作りは上手である。

しかし、残念ながら具体的な経営改善の手法がない。あっても理屈だけで、経営者にも社員にも届かない。そのため、業績は上がらないままだ。

税理士や会計士も似たようなものである。多少なりとも経営の助言をしているのだろうが、ほとんどの場合、決算書を作って税務申告をするだけだ。

しかも、基本的に経営者の意向や指示に従って決算書を作成するので、中身は数字の操作と粉飾のオンパレードである。

多くのコンサルタント、中小企業診断士、そして税理士・会計士はよく「経営支援」「経営指導」と謳っているが、実際の成果が出なければ意味がないのではないだろうか。

経営が悪化した建設会社は、「できない」からこそ支援や指導を求めているのである。経営者自ら意識を変えることはもちろん必要だが、

支援するコンサルタントや中小企業診断士、税理士・会計士も、具体的にどうすればいいのか指導し、きちんと結果を出してこそ存在価値があるはずだ。

図表14　建設業界に関わるコンサルタントや税理士・会計士がよく口にするフレーズ

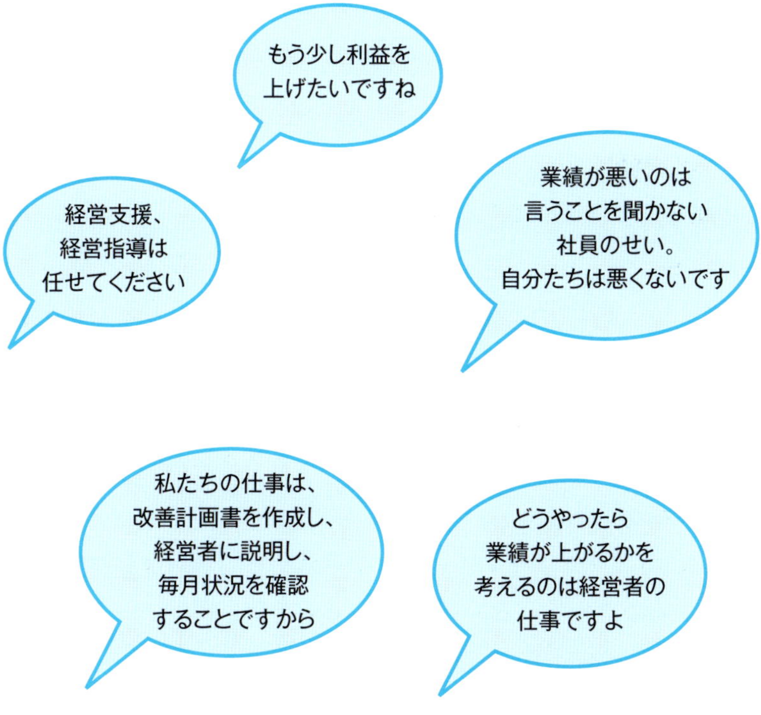

- もう少し利益を上げたいですね
- 経営支援、経営指導は任せてください
- 業績が悪いのは言うことを聞かない社員のせい。自分たちは悪くないです
- 私たちの仕事は、改善計画書を作成し、経営者に説明し、毎月状況を確認することですから
- どうやったら業績が上がるかを考えるのは経営者の仕事ですよ

第1章　低利益率の改善が建設業の急務

今こそ経営改善に踏み出す最後のチャンス

　東京オリンピックが終わる2020年以降、果たして建設業を取り巻く環境はどのようになるのだろうか。簡単に読み切れるものではない。再び好景気が来るかもしれないが、まったく来ない可能性もある。

　全体として見れば、人口減少の影響などで国内の建設市場は次第に縮小していくことになるだろう。そのとき、相変わらずの低収益で低賃金、従業員は高齢化している建設会社がやっていけるはずがない。

　生き残りをかけたサバイバルレースが間もなく始まるだろう。そのとき、景気が悪いから、前年はいろいろあったからなどという、安易な言い訳は一切通用しない。

　建設会社や建設関連企業に共通する悩みは、利益がなかなか上がらないことである。加えて、借入金の扱いを含め、資金繰りが苦しい。

　一にも二にも、まず利益をしっかり出していかなければならない。業績が多少なりとも好調の今こそ、将来に向けた経営改善と先行投資に着手すべきだ。

　「今変わらなければ危ない」という認識がなければならない。危機はもう目前に迫っている。2020年以降も成長を続けていくには、今すぐ経営改善に踏み出すことが不可欠なのである。

　経営改善というと、「うちは経営改善計画書を作っている」という声も聞く。しかし、どんなに立派な改善計画書を作っても、多くは銀行に対する融資や返済猶予（リスケジュール）を目的とするためのものにすぎない。

会社によっては経営者がそれに目を通してもいないし、担当部門の社員以外は誰もその改善計画書の内容を知らない。存在も知らない。よって、いつまでたっても実行されない。
　そういう実態の伴わない改善計画書をいくら作っても、会社が変わるはずもない。
　また、営業をどう強化するか、資金繰りをどうつけるかなどについて、手っ取り早い答えを求めて各種セミナーに参加する経営者も多い。しかし、経営の一部分だけ改善しても会社全体はそう簡単には良くならない。よしんばヒントが得られても、自社に合わせてどう実行するのか分からないというケースがほとんどだ。

　いま自社はどういう状況にあり、これからどこへ向かうのか、全ては正しい現状認識と目標設定が基本になければならない。それによって初めて、自分たちは何をどうしなくてはならないかという方法論を考えることができる。
　ある会社は、待遇改善で若手の採用を進めるかもしれない。技術力や提案力に見合った価格での受注を徹底していく会社もあるだろう。元請けから下請けへ、新築工事からメンテナンスへ、地方から都市部へ、ビジネスモデルを大きく切り替える会社も出てくるはずだ。

　外部環境がどのようであっても、常に凌ぎきれる会社、利益を出せる会社にならなければならない。
　繰り返しになるが、今がそうなっていく最後のチャンスだ。競争が激化するからこそ、先に経営改善を成し遂げた企業が勝ち残ることができるのである。

第 2 章

経営改善の前にまず認識すべき5つの課題

自社を"高利益体質"へ
変革するカギとは？

第2章　経営改善の前にまず認識すべき5つの課題

　これまでの私の経験では、建設会社などが抱えている経営上の課題には共通点がある。

　そこで本章では、建設業の経営改善の前にまずしっかり認識しておくべき5つの課題を指摘しておきたい。

　これらは建設業関係者なら、多かれ少なかれ思い当たる節があるはずである。うすうす気づいており、「何とかしなければならない」と思っているケースも多いだろう。

　しかし、日々の業務に追われる中でつい先送りにし、そのうち忘れてしまっているのである。

　しかし、忘れていても課題はなくならない。むしろ、悪くなっていく。そのことをまずしっかり、認識してもらいたい。

図表15　建設業界の会社で共通して見られる課題

課題1	会社の純利益が著しく低い	
	経営者や幹部が売上しか意識していない	
課題2	利益が出ない年度には数字操作を行う	
	経営事項審査の点数維持や銀行の目を逃れるための粉飾も	
課題3	会社全体で利益を上げる意識が薄い	
	実行予算書は存在するものの、正しく機能していない	
課題4	社内のコミュニケーションが取れていない	
	営業は受注のみに走り、現場は納品および現場完成のみに走る	
課題5	余計なことに時間と手間をかけすぎる	
	意味のない社内手続きや経費削減には熱心	

〈課題1〉会社の純利益が著しく低い

売上にばかりこだわる経営者

　第1章で建設業界の利益率が他業界に比べて低いことを述べたが、それは個々の建設会社の純利益の低さとして表れる。売上はそこそこ確保できていても、各種経費や銀行借り入れの金利などを差し引くと、ほとんど利益が残らないのである。

　純利益が少ないため内部留保を積み上げることができず、経営はいつも綱渡りとなる。そして、見積もりのミスや現場でのトラブル、資材価格の上昇などがあるとすぐ赤字になってしまう。

　しかも、経営者自身が経営数字をよく把握していない。建設会社の経営者に経営数字を尋ねると、売上高についてはすぐ出てくるが、粗利益、営業利益、経常利益、税引き後利益などについてはあまり把握していないケースが多い。

　業績が良くない建設会社において各現場の採算結果を見てみると、最終的に赤字になっている工事が少なからずある。その工事がなければこれだけの黒字になっていたとか、少なくとも最終的に赤字にならなかったのに、といつも思う。多くの建設会社は、赤字受注の分だけ苦境に陥っているのだ。

　実は、建設会社の赤字については、当事者だけでなく世間一般にも誤解があるようだ。

　以前、ある新聞に公共工事の談合疑惑についての記事が載った。記者が各方面へ取材し、談合はあったようだが、実際に受注した金額で

は赤字になっていることが分かった。そこで記者は、「赤字で工事を受注するわけがない。付帯工事などで利益が出るようになっていたはず。その事実を徹底的に究明する」と結論づけていた。

自治体の担当者と話をしても、「赤字の工事があったとしても、一連の工事と抱き合わせで黒字にしているはず」といった発言をよく聞く。

一般的には、わざわざ損する仕事を取るはずがないというのは極めて常識的な考え方だ。

しかし、建設業界ではこの常識が通用しない。工事が終わってみないと黒字かどうかが分からないといったケースだけでなく、「これはどう見ても赤字になる」と事前に分かっている工事さえ敢えて受注してしまうのである。

最大の理由は「売上至上主義」

なぜこうしたことが常態化しているのだろうか。

最大の理由は「売上至上主義」だと思う（図表16）。建設会社の経営者の多くは基本的には「売上」しか見ていない。私は今まで多くの建設業界の会社を訪問し、1000人以上の経営者や幹部、営業担当者と話をしてきたが、驚くことにほとんどは売上高のことしか話題にしない。

例えば、今年の売上が50億円なら、3年後には60億円にするといった経営目標を語りながら、そこには利益目標がない。いま50億円の売上でいくら利益が出ているという認識が希薄なのだから、将来、売上を伸ばしてどれくらい儲けるのかという発想も抜け落ちているのである。

図表16　赤字工事が発生する３つの理由

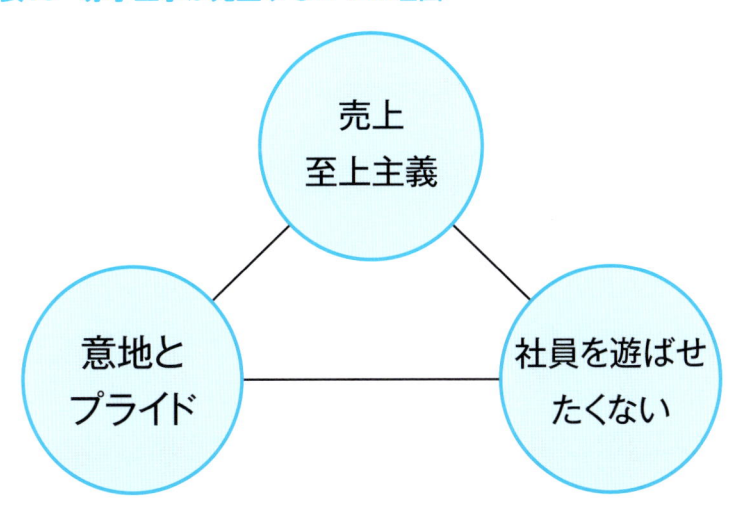

```
          売上
         至上主義
        /      \
       /        \
   意地と ───── 社員を遊ばせ
   プライド      たくない
```

　経営者が売上にそこまでこだわるのは、公共工事の「経営事項審査（経審）」における点数の付け方にも原因がある。

　「経営事項審査」とは、業界関係者なら常識だが、公共工事を国や地方自治体から直接請け負おうとする際に必要な資格審査である。

　公共工事の発注機関は、入札に参加する建設会社について客観的事項と主観的事項の審査結果を点数化し、ランクを付ける。

　客観的事項の審査が経営事項審査であり、「工事種類別年間平均完成工事高」「経営状況」「経営規模」「技術力」「その他の審査項目（社会性等）」について数値化し評価される。

　私がサポートしているある建設会社で、こんなことがあった。売上高は意識せず、利益を重視した営業や予算管理を行ってもらったところ、売上は２割ダウンしたものの、利益が前年度の赤字から数千万円

の黒字になったのだ。

　しかし、その会社の経営事項審査の点数はわずかながら下がってしまったのである。赤字が黒字になったのに、経審の点数が下がるというのは理解に苦しむ。

　経審の点数の付け方において、売上高の比重が大きすぎるのだ。

　地方では、住宅工事をメインにしている工務店を除けば、公共工事に依存する割合が高い建設会社は多い。公共工事の入札におけるランクは死活問題だという意識が、当の建設会社はもちろん、取引先の金融機関にも強い。そのため、どうしても売上高を絶対視してしまうのだ。

妙なプライドや「人を遊ばせておけない」という感覚論も

　売上にこだわるもうひとつの大きな理由が、意地の張り合いだ。時として、その工事がどのような採算であれ、同じ地域の競合他社に負けたくないという妙なプライドが働くのである。

　ここまでくると、合理的な経営判断とは別次元である。ウソだと思われるかもしれないが、私はこれまでそうした意地とプライドによって、数千万円の赤字に陥った現場を数多く見てきた。

　売上にこだわる第三の理由として、仕事量の先行きがやや不安なときに、自社の社員や職人の手が空くくらいなら現場を動かしたほうがいいと考えることも挙げられる。

　「遊んでいるよりましだろう」というのは、どの建設会社の経営者も口にするフレーズだ。しかし、私はいつも「損失を出すのなら、遊んでいたほうがまし」と反論する。

図表17　建設工事の売上と原価の関係

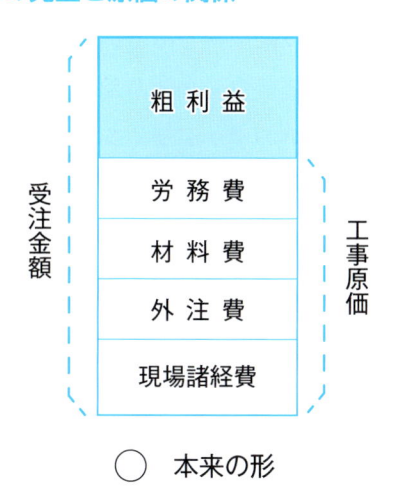

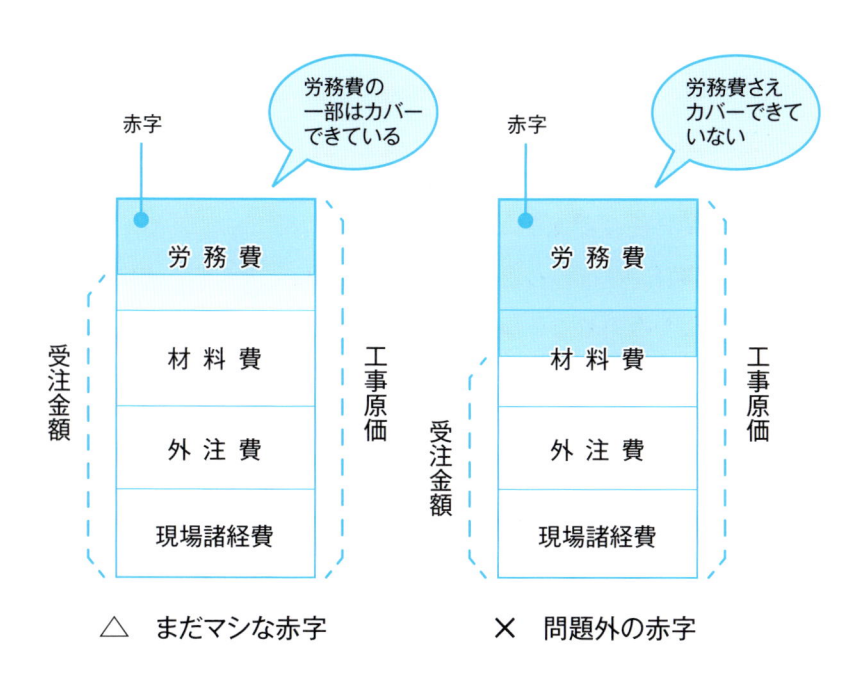

受注金額 { 粗利益 / 労務費 / 材料費 / 外注費 / 現場諸経費 } 工事原価

○　本来の形

赤字
労務費の一部はカバーできている

受注金額 { 労務費 / 材料費 / 外注費 / 現場諸経費 } 工事原価

△　まだマシな赤字

赤字
労務費さえカバーできていない

受注金額 { 労務費 / 材料費 / 外注費 / 現場諸経費 } 工事原価

×　問題外の赤字

第2章　経営改善の前にまず認識すべき5つの課題

　厳密に言えば、4つある工事原価のひとつである「労務費」は仕事がなくてもかかってしまう固定費である。したがって、それ以外の「材料費」「外注費」「現場諸経費」の合計が受注金額をオーバーしてしまうかどうかの判断が、本当のデッドラインである。

　しかし、「この金額なら労務費以外はまかなえるので、表面上損失は出るけれど受注した」というふうにしっかりと考えた末に判断している経営者などいない。ほとんどはそこまで考えずに受注し、赤字に陥っている。

　いずれにしても、労務費さえまかなえない金額で赤字受注するのであれば、社員を自宅待機させておいたほうがよいということは間違いなく言える。

　そしてやはり、正しくは労務費を含んだ原価ベースで赤字工事は厳禁である。

　「この現場は赤字工事だが、この赤字工事が次につながる」と言う経営者や営業責任者も多くいる。

　しかし私自身、そういったケースを数多く見てきたが、赤字の受注が次の仕事につながることなど基本的にはない。つながったとしても、それは赤字がさらなる赤字を生み出すだけのつながりである。

　発注者から「協力的な会社だ」と高く評価され優遇してもらえることなどはほとんどなく、実質は「安請け合いする会社」と思われ、都合よく使われるだけになっている。

〈課題②〉利益が出ない年度には数字操作を行う

赤字回避のため横行する粉飾決算

　「売上至上主義」「意地とプライド」「人を遊ばせたくない」という3つが赤字受注に走る主な原因であるが、決算書まで赤字でいいのかというともちろん、そんなことはない。

　いくつかの赤字受注がダメージとなり会社の利益が低下し、会社の決算が赤字になると、当然のことながら公共工事の入札ランクにつながる経営事項審査においてもマイナスに作用する。

　加えて、決算が赤字になると、金融機関の目が厳しくなる。長期の融資だけではなく、短期のつなぎの融資にも影響を及ぼす可能性が高くなる。そこで建設会社の経営者が手を染めるのが、粉飾決算である。

　はっきり言って、建設業に限らずどの業界でも、どの会社でも多かれ少なかれ数字の操作はしているだろう。

　しかし、建設会社の多くは、上場企業でもないのに赤字決算を極力避けようとする。そのため、数字を操作して黒字に見せかけ、わざわざ税金を支払うために粉飾をしている。それはもちろん、経営事項審査の点数を高くするためであり、金融機関からマークされないためだ。

　建設会社の粉飾の手法は、おおむね次のようなものだ。

　まず、工期が複数年にわたる現場の場合、進行基準の使用により「売掛金」として売上を当期に多く付けたり、あるいは売上原価を「未成工事支出金」扱いにして次期分に送る。両方行うことも当然ある。

　また、当期で終了する現場については、原価を次期の別現場に付け替え、当期の利益を水増しする。当然、次期の別現場の原価は加算さ

れ、利益が減って赤字になることもある。その場合は、さらに別の現場、翌期の現場に付け替えていくのである。

そのほか、工事代金がもらえない工事やもらえる見込みが低い工事でもとりあえず売上計上してしまうこともある。その期の利益はとりあえず出るが、すぐに「売掛未回収金」となり、貸借対照表の上でいつまでもその現場の売掛金が残る。もし、金融機関などから指摘された場合は、「近々もらえそう」という話を延々とする。

銀行の担当者に聞くと、決算書を見ただけではそうした粉飾はすぐには分からないという。しかし、「売掛金」や「未成工事支出金」「売掛金長期未回収額」を見れば大体分かる（図表18）。

図表18　粉飾決算を見つけるポイント

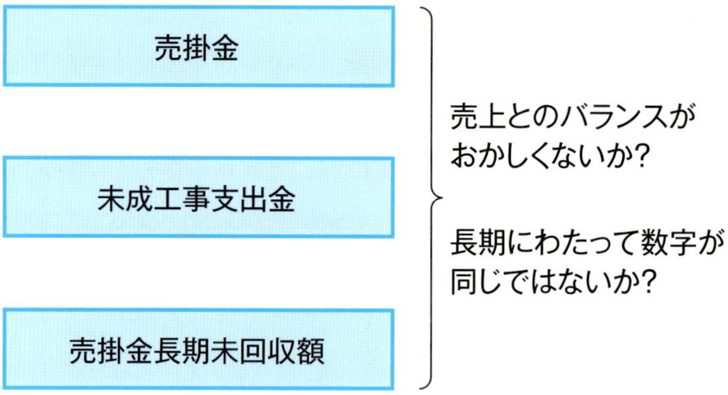

```
┌──────────────┐
│    売掛金     │┐
└──────────────┘│  売上とのバランスが
                │  おかしくないか？
┌──────────────┐│
│  未成工事支出金 │┤
└──────────────┘│  長期にわたって数字が
                │  同じではないか？
┌──────────────┐│
│ 売掛金長期未回収額│┘
└──────────────┘
```

なぜなら、そういう処理を続けていくと、会社全体の未成工事支出金の額が、次期に繰り越された売上額の比率と合わないようになっていくからだ。ひどい場合は、繰り越し原価が売上高をも上回るようになり、大きな矛盾が出てくる。

建設会社の経営悪化サイクル

建設会社の経営悪化のサイクルをもう一度、整理しておこう（図表19）。

公共工事や民間工事が少ないなど売上高が十分確保できない年は必ずある。しかし、経審の点数が落ちることは入札の面から避けたい。

そのため「売上高の確保」という一点を目的に、利益はあまりなさそうだが、とりあえず受注してから考えよう、何とかなるだろう、との思いで無理な受注に走る。それが全ての始まりである。

無理な受注をした年はある程度の売上高は確保できるかもしれないが、利益はほとんど出ない。中には赤字での受注も出てくる。

将来的な資金繰りなどはほとんど考えずに受注しているので、入金と出金のタイミングが徐々に合わなくなってくる。

工事担当者は利益の出ない物件を押し付けられ、不満が出始める。それは徐々に、工事担当者から経営者や営業担当者への不信となっていく。

いったん入出金のタイミングが狂いだすと、資金繰りがどんどん厳しくなる。ただ、金融機関から融資を受ければ当面はしのげる。金融機関も、借入金がそれほど多くない建設会社であれば喜んで貸してく

第2章　経営改善の前にまず認識すべき5つの課題

図表19　建設会社の経営悪化のサイクル

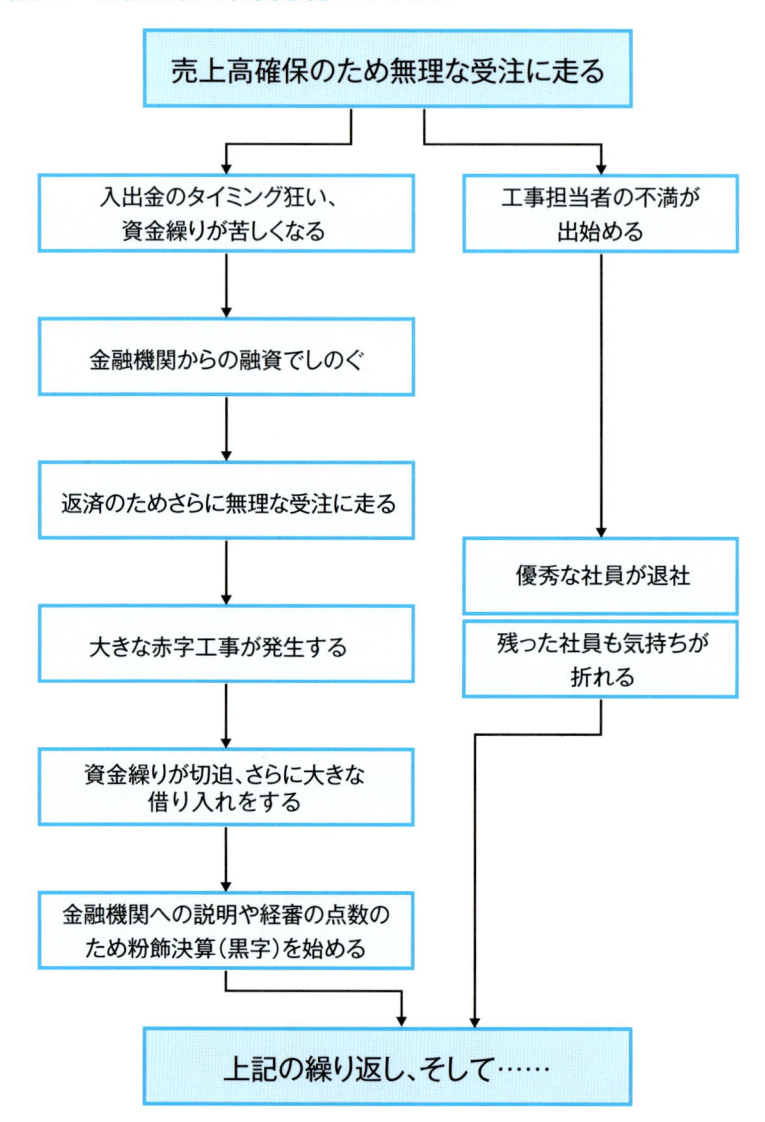

```
          売上高確保のため無理な受注に走る
           ↓                    ↓
   入出金のタイミング狂い、      工事担当者の不満が
   資金繰りが苦しくなる          出始める
           ↓                    
   金融機関からの融資でしのぐ    
           ↓                    
   返済のためさらに無理な受注に走る
           ↓                    ↓
   大きな赤字工事が発生する      優秀な社員が退社
           ↓                    ↓
   資金繰りが切迫、さらに大きな  残った社員も気持ちが
   借り入れをする                折れる
           ↓                    
   金融機関への説明や経審の点数の
   ため粉飾決算（黒字）を始める
           ↓                    ↓
          上記の繰り返し、そして……
```

れる。損益が怪しい工事があっても、業界全体が厳しいからと説明すれば気づかれることもない。結果的に、その辺りから転落に向けての重しが加わってくることになる。

　一時的に売上高を維持するため、利益のない工事を受注するだけならいいが、そんなはずもない。その後、少々採算が厳しい物件であっても次々と受注していく。根底には売上高の確保というより、借入金の支払利息や返済元本を確保するためという面が徐々に大きくなってくる。
　会社としての損益分岐点（必要利益額）を下回る受注が続き、そうした工事の割合が次第に高まっていく。

　やがて、会社の基盤を揺るがす数百万円から数千万円規模の大きな赤字工事が発生する。この頃には、経営者・営業担当者と工事担当者との信頼関係は完全に損なわれており、一部の優秀な社員は退社していく。退社しない担当者も、気持ちが折れて収益を上げるための努力を放棄するようになり、物件の収益性は想定以上に悪くなっていく。
　資金繰りは一気に切迫し、さらに大きな借入をすることになる。

　金融機関も怪しみ始め、受注物件一覧表や資金繰り表の提出を求めてくる。そうすると金融機関への説明もつかなくなってくる。

　決算時期に税理士から決算見通しが出てくると、経常利益ベースでも赤字になるようになる。金融機関に赤字の説明をできるはずもなく、加えて経審の点数からも赤字は何としても避けたい。

そこで、次期に繰り越す未成工事支出金を増やし、当期分の原価を次期にもっていき当期の利益を数十万円から数百万円のギリギリ黒字にしておく。いわゆる粉飾決算の始まりである。

　ここまで来ると、もはや引き返すことはできない。上記の繰り返しである。
　市況によっては数年、やりようによっては10年程持つかもしれないが、いつか終わりが来る。
　ただ、金融円滑化法などにより、金融機関も元金返済を猶予をしてくれるようになっているため、借入金の金利を返せば存続だけは可能である。
　しかし、追加の融資はしてもらえないので、資金ショートはできない。ここで初めて、金融機関の指示もあり、経費削減や資産売却をやり始める。

　根本的なビジネス構造が変わらなければ、必ず行き詰まる。今、世間の多くの建設会社がこの状態で踏みとどまっていると考えられる。

〈課題③〉会社全体に利益を上げるという意識が低い

実行予算書があっても正しく機能していない

　建設会社では通常、工事別に「実行予算書」を作っている。しかし、会社としての基準を持って、厳密にその進捗状況も含めて管理している会社は驚くほど少ない。

　建設会社が受注に向けて営業活動を行う際、通常は見積書が必要になる。そこで、現場の各種原価を積み上げる「積算」を行う。そして、受注が確定したら、「実行予算書」を作成する。これは、下請け業者と発注金額について交渉したりする基礎資料となる。必要な資材の量と単価を詳細に見積もることにより、受注現場の最終的な原価総額がきちんと入力されたものだ。
　受注前の見積書より数字の精度を高めたものであるが、場合によっては受注前でも実行予算書を作成することがある。実際にはそのほうが、入札や指値が入った場合の交渉などで、損益分岐点を見極めた判断できるのだ。

　しかし、多くの建設会社ではこの「実行予算書」があっても、正しく機能させていない（図表20）。そもそも、最初から正しく作られていないことが圧倒的に多いのだ。
　まず、実行予算は現場の工事担当者が作成するのが基本だが、一般的にはとにかく作成が遅い。本来は受注後すぐに作成すべきなのだが、現場終了間際や、ひどい場合は現場終了後に作成していることがある。最もひどい場合、実行予算書を作らない、という会社すらあるくらいだ。

図表20　実行予算書の問題

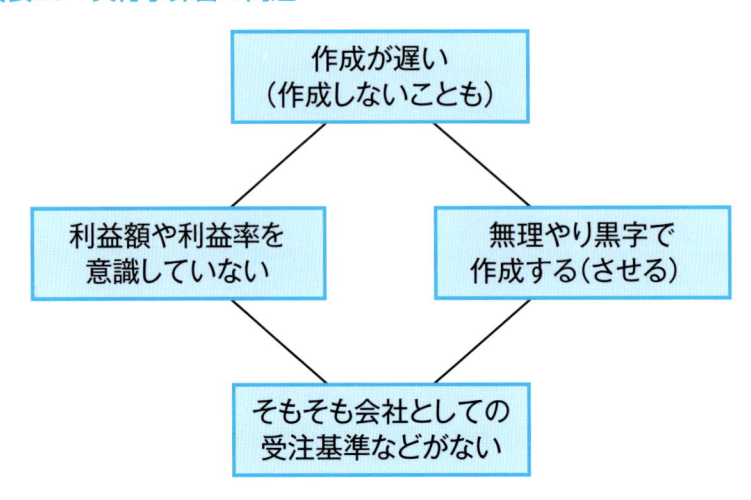

```
           ┌─────────────────┐
           │   作成が遅い      │
           │ (作成しないことも) │
           └─────────────────┘
           ╱                 ╲
┌─────────────────┐      ┌─────────────────┐
│ 利益額や利益率を  │      │  無理やり黒字で   │
│  意識していない   │      │  作成する(させる) │
└─────────────────┘      └─────────────────┘
           ╲                 ╱
           ┌─────────────────┐
           │ そもそも会社としての│
           │ 受注基準などがない │
           └─────────────────┘
```

　そうした実行予算書は、利益額や利益率など最初から意識されず、したがって厳しい仕入れ交渉も行われず、工事がだいぶ進んでから見えてきた原価のみそのまま入力されるので、低い利益額のまま出来上がってくるのである。

　また、赤字工事の場合、工事担当者がそのままの採算で実行予算書を経営者に提出すると、経営者や上司から「赤字はまずい。作り直せ」と言われることがよくある。仕方ないので、とりあえず少しだけ黒字の「実態ではない実行予算書」を作成する。結果として、当初の予想通り赤字になってしまう。そうすると「なぜ赤字になる。お前は何をやっているんだ」と工事担当者を責める。工事担当者にしてみれば、やっていられないと思うはずだ。

　実行予算書を作るのは工事担当者だが、利益が低いからといって工

事部門の責任とは言えない。営業が正式に受注額を決めずに工事を先行させた結果として利益が低くなったケースもあれば、明らかに厳しい金額で受注しているため、工事部門の力ではどうしようもないケースもあるからだ。

　突き詰めていくと、実行予算書の作成の仕方や手順を正しく行う前に、会社の受注における基準、営業から工事への引き継ぎのあり方、業者への発注の仕方、さらには組織のあり方など多くの全社的な要因が絡んでいるのである。したがって、組織を含めた全社のルールを明確にすることが欠かせない。

〈課題④〉社内のコミュニケーションが取れていない

経営者も社内連携が取れていないことを認識していない

業績の良くない会社は必ずと言っていいほど社内がバラバラで、コミュニケーションが全く取れていない（図表21）。

まず、経営者と社員の断絶が深刻だ。
私は、業務改善の実行支援をさせてもらうときには、最初に経営者だけでなく、パートや派遣を含めほぼ全ての社員と面談を行う。

図表21　社内コミュニケーションの問題

経営者と社員のコミュニケーション不足
- 経営者が会社の現状と方向性を社員にきちんと説明し、十分理解させていない
- 経営者の認識と社員の考えが大きくズレている
- お互いの信頼関係が失われている

社員同士のコミュニケーション不足
- 営業サイドと現場サイドの連携がとれていない
- 同じ部門内でも各人がバラバラに動いて情報を共有していない
- 経営者も社内の連携が取れていないことを知らない

すると、経営者からは「社員がしっかりしていない」「育たない」「管理職が全然わかっていない」という話がよく出る。一方、社員にヒアリングすると、「社長は分かっていない」「管理職が機能していない」「給料が安い」「ボーナスが出ない」といった意見が噴出する。お互いの信頼関係が失われているのである。
　責任は100％、経営者にある。経営者が会社の現状と方向性を社員にきちんと説明し、十分理解させていないことに原因がある。

　もともと、建設会社の経営者はワンマンが多い。経営者は対外的な折衝に加え、金融機関への対応、そして資金繰りなどで大変だろう。また、経営者自身、自社の方向性を定め切れていないこともあるだろう。しかし、社長が社員とコミュニケーションを取っていないのでは、経営者として失格と言わざるを得ない。
　特に問題なのは、自分に問題があるとは思っていないケースだ。このケースはかなり多い。自分の足りない点を自覚し、自分を変えようと努力している経営者もいるが、そのような謙虚な人は少数派だ。

　社員同士のコミュニケーションにも問題がある。
　特に、営業サイドと現場サイドの連携が取れていないケースが圧倒的に多い。営業は受注することのみに走り、現場は納品および現場完成のみに走るのである。
　その結果、営業が工事を受注した後、施工部門には現場の住所と図面を渡すだけという事態が頻繁に起こり得る。発注者や関係者との細かいやり取りや合意事項などが伝わっておらず、工事が始まってからトラブルになりがちだ。営業部門と工事部門、管理部門の間でコミュ

ニケーションがなければ、見積もりや実行予算書の精度も低くなってしまう。

あるいは、同じ部門内でも、各人がバラバラに動いていて情報を共有していない。問い合わせが入った際、その担当者がいないと簡単なことでも答えられず、時間ばかりかかる。

しかも、経営者は「社内の連携が取れていない」という事実をほとんど認識していない。多少、認識していても「管理職が悪い」と決めつけて終わりである。

こうしたコミュニケーションの悪い会社では、経営計画を立てることなどできない。

コンサルタントが作る「改善計画書」も、所詮は銀行向けの机上の空論で終わってしまう。数値目標は並んでいるが、具体的にどうやってそれを達成するかの方法論がほとんどない。

社員教育や原価管理は手段に過ぎない

経営コンサルタントのなかには、社員教育と原価管理を徹底すれば建設会社の経営は良くなると言う向きもある。

しかし、社員教育にしろ原価管理にしろ、経営改善の手段に過ぎない。そうした手段が効果を発揮する"土台"がきちんとできていなければ、どれだけ社員教育をしても、原価管理や実行予算の手法を教えても、会社の業績には大きな変化は生まれないだろう。

社内のコミュニケーションこそがその"土台"である。

社内のコミュニケーションを良くするには、まず経営者が社員に会社の現状や今後の方向性などをきちんと説明し、理解してもらう必要

がある。そして、社員の意見に耳を傾けながら、話し合わなければならない。

経営判断はもちろん経営者が行うものだが、普段の話し合いは決して上から目線ではなく、あくまで対等の立場で行う。

社員が何を考え、何に不満を感じ、本当はどうしたいと思っているのか。なぜ経営者や管理職に反発するのか。なぜ営業を真剣に行わないのか。なぜいつも工事部門で採算が悪化し、営業との連携がうまくいかないのか。

これらは実際に聞いてみなければ分からない。そして、聞けば答えは意外に簡単に出てくる。

> 第2章　経営改善の前にまず認識すべき5つの課題

〈課題5〉余計なことに時間と手間を掛けすぎる

長時間の会議や分厚い資料が横行

　業績が良くない会社も、手をこまねいているわけではない。何とか手を打とうとするのだが、それが的外れであったり泥縄であるため、むしろ余計なことに時間や手間をかけているケースが多い。

　例えば、「経営計画」がそうだ。普通の建設会社は「経営計画」など作らないが、作っている会社があるとすれば、よほど意識が高い会社か、金融機関向けにとりあえず作っている会社であろう。経営者は金融機関に提出するためページ数ばかり多く、中身の薄い言葉が並んだ「経営計画」を策定する。また、一般的なコンサルタントが作る「経営計画」も、都道府県の機関が作る「経営計画」も基本的には同様である。どれも皆、実践するための真の「経営計画」になっていない。
　重要なのは、経営者の方針が明確に示され、それが社員に分かりやすく表現されていることであるはずだ。見かけが立派でも何を言いたいのかよく分からない「経営計画」には、どこか逃げやウソがある。

　金融機関から向こう3年分程の収支計画を要求されたときも同じだ。よくあるのは「次年度の売上と利益は今年の5％アップ、翌年も5％アップ」といった無意味な数値目標だ。
　なぜ5％アップなのか、そのためにどんな手を打つのか、5％アップしたらどうなるのか、そうした具体的な裏付けやビジョンがなければ、何の説得力もない。

経営改善の取り組みにあたっては、シンプルに考えることが非常に重要である。ポイントを押さえて、余計なことはしない。長時間の会議や分厚い資料などは時間とコストの無駄である（図表22）。

図表22　経営改善にあたって不要なもの

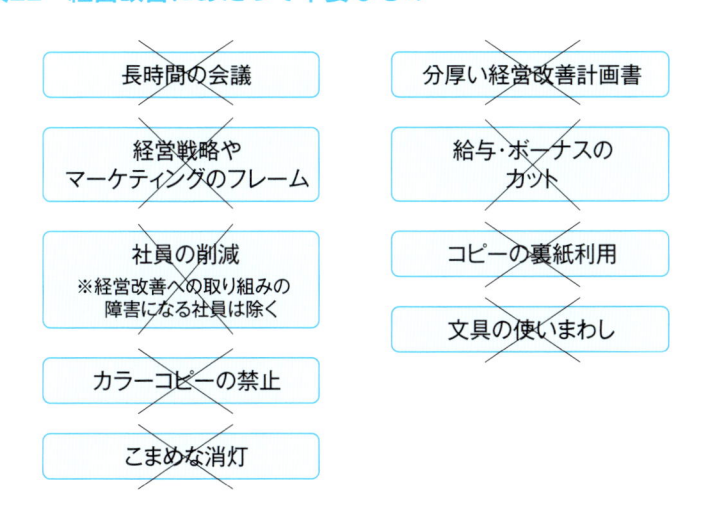

- 長時間の会議
- 経営戦略やマーケティングのフレーム
- 社員の削減　※経営改善への取り組みの障害になる社員は除く
- カラーコピーの禁止
- こまめな消灯
- 分厚い経営改善計画書
- 給与・ボーナスのカット
- コピーの裏紙利用
- 文具の使いまわし

　経営コンサルタントがよく使う、ＳＷＯＴ分析、４Ｃ分析など難しい経営戦略やマーケティングのフレームなどもいっさい要らない。
　私の場合、自治体や金融機関が用意している事業再生用のフォーマットも、実際の経営改善では使わないことが多いし、それで今まで困ったこともない。全てのポイントは、いかに問題の真因を突き止め、社員の理解と協力を得るか、にある。

細かな経費削減の意識は不要

　経費削減のため、社員のリストラや給与・ボーナスのカットはもと

より、コピーの裏紙利用、カラーコピーの禁止、こまめな消灯、文具の使い回しなど、細かな経費削減に一生懸命に取り組む会社がある。そして金融機関の方々も、そういった面も含めてとにかく経費削減を要求してくる。利益は簡単に上がらないのだから、まずは経費削減しろ、である。

　私が入って業績が急回復した会社についても、「徹底した経費削減をした結果ですよね？」と様々な担当者からよく聞かれる。

　そして、「していません」「基本的には、する気もありません」と答えると大体嫌な顔をされる。多くの人の考え方として、会社が利益を上げるには経費削減が大前提なのであろう。

　しかし、例えば夜、社員が残って仕事をしている間は、私はむしろ社内の電気をすべて点けておいてもいいと思う。昼間も律儀に消す必要などはない。仮眠のために消しているという会社もあるが、1時間も皆で寝るのかと、それはそれで思う。暗かったら仕事をする人もできないし、新聞や書類なども読めない。

　あと、なぜか多いのが、コピー用紙の裏紙使用である。それをして年間の紙代が一体どれだけ削減できるか計算したことがあるのだろうか。何より、その書類が見にくくなり、間違いやすくなるリスクをどう考えているのだろうか。私がある会社の会議に参加したときも、裏紙使用の書類が出てきて、どちらが裏か表か分からなくなることがしばしばあった。

　また、全社の数値目標の進捗をグラフにしてカラーコピーで張り出している会社があるのだが、先日、銀行の担当者から「カラーはコストの無駄だ！」と言われたこともあった。皆で数字を意識するために、

分かりやすくしているのである。それを白黒にしたら意味がない。一つひとつ目的を持って行っているのである。いずれにしても、目的を考えないただの経費削減は百害あって一利なしである。

　もちろん、経費を削減すること自体は悪いことではない。ただ、明らかに無駄なことだけやめればいいのである。

　会社の目指すべき利益目標が明確であれば、そして社員がみんなそれについて理解し納得してくれていれば、社員のほうから自然に無駄な経費を抑えるようになる。強制的で細かな経費削減は社員の士気を下げる以外に何の意味もないと断言しておきたい。

　逆に、経費を使用する面で言えば、社内における飲み会などの費用は会社で負担してもいいと思う。私がコンサルティングしている会社の多くは、社内での飲み会・懇親会は全て会社持ちにしてもらっている。それまでは会社の忘年会ですら個人負担になっていた会社も多いため、社員たちからは喜ばれている。

　その代わり、その飲み会では会社の愚痴などは基本的には言わずに（言いたい部分もあるだろうが）、皆で交流を図りながら、必ず前向きな話をすることを会社負担の条件としている。それで年間経費が何十万円もかかるわけではない。仮にかかったとしても、社員の皆がまとまれば安いものである。こういった方法も、使い方ひとつなのである。

　さらに言えば、インフルエンザの予防接種などもすべて会社の費用で負担するのがよい。ある会社の社長に勧めたところ、その社長は「インフルエンザなどは気合で乗り切る」と言っていた。そのセリフは他社でもよく耳にする。

　インフルエンザを気合で乗り切れるはずがない。いつの時代の人間

のセリフかと思う。予防接種を受けてもインフルエンザにかかる人はかかる。ただ、かかったときのダメージは予防接種を受けていない時に比べて格段に下がる。そのくらいは常識である。結局はリスク管理の意識の差でしかない。こういった面も、経営のリスク管理の一つなのである。

　その会社では、社長と話をした２週間後、まさしく現場が追い込み時期の２月に、社長本人を筆頭に実に70％の社員がインフルエンザにかかり、会社は大きなダメージを受けた。そして、翌年からようやく費用は全額会社負担で、全員予防接種を受けてもらっている。ちなみに、会社負担をケチリ、社員の自己負担で予防接種を推奨しても３〜５割の社員は接種しない。全員接種しなければリスク回避にはならないし、意味もなくなる。

　建設業界において最も大変な冬場〜春先にかけての時期に社員に休まれたほうが、よほどダメージが大きい。

　多少の経費で大きなリスク回避ができる、とても大事な手段の一つだと思う。ここはぜひお勧めしたい。

第3章

経営改善に絶対必要な4つのルール

これを守るだけで組織が
劇的に変わる

第3章　経営改善に絶対必要な4つのルール

　建設会社に共通する課題が分かれば、おのずと経営改善の方向性が見えてくる。
　ただ、実際の経営改善の手法やテクニックはいろいろあり、手当たり次第に着手しやすいものからやってみても、逆に問題をこじらせるだけで終わることになりかねない。

　経営改善において大事なことは、原理原則（ルール）と具体的な手法、テクニックをはっきり区別し、取り組みにあたっても優先順位をつけ、一つひとつ正しい手順で行うことだ。

　そこで本章では、経営改善において必ず守るべき原理原則について説明する。
　具体的には次の4つだ。

図表23　建設会社の経営改善に絶対必要な4つのルール

〈ルール1〉正しい経営データを把握する
〈ルール2〉年間の「必要粗利益額」を全社の最重要目標とする
〈ルール3〉「必要粗利益額」を達成するため組織改革を断行する
〈ルール4〉コミュニケーションの仕組みと社風を根付かせる

〈ルール１〉正しい経営データを把握する

まずは過去３年分の採算データを見直す

　赤字受注はいわば麻薬のようなもので、竣工まで確定を先送りした損失（赤字）に目をつぶれば当面、売上が立ち、周囲からは「○○建設が受注した」と羨ましがられ、社員は忙しく走り回る。

　工事中に担当者がなんとか損失を最小限に抑えるか、うまく追加工事で調整できるかもしれないという甘い期待を、何カ月かは抱ける。しかし、そんな期待が叶うはずもない。

　こうして行き詰まった建設会社が経営改善に踏み出すには、まず正しい数値、データの把握が大前提となる。

　しかし、一般的に経営コンサルタントは、お決まりの決算書３期分だけを見て、様々なソフトを活用して分析するだけである。粉飾された決算書など分析して意味があるはずもない。そこには粉飾の裏付けが透けて見えても、改善の足掛かりなどは何もないのである。

　私がサポートに入る場合は、決算書のベースとなる完工現場の収支結果を過去３年分出してもらう。完工物件は多い会社では年間で何百～何千もあるが、それを見る。そして、一つひとつの数字をチェックし、さらに客先別、売上規模別などで分析する。最終的な決算書では調整できても、会社にある一件一件の現場の採算表まで念を入れて修正をかけ、粉飾している会社はさすがに少ないはずだ。

　ただし、分析といってもそんなに難しく考える必要はない。赤字工

第3章　経営改善に絶対必要な4つのルール

図表24　主要顧客のランキング表（サンプル）

　　　　　　　　　　　　　　　　　　　　　　　　　■ 利益率30%以上　　■ 年間赤字

売上順位	発注者	売上（円）	売上原価（円）	粗利益（円）	粗利益率	全体売上比	全体粗利益比
1		552,860,367	460,196,269	92,664,098	16.76%	28.32%	24.89%
2		216,381,580	135,733,185	80,648,395	37.27%	11.09%	21.67%
3		183,014,895	184,591,052	−1,576,157	−0.86%	9.38%	−0.42%
4		181,680,509	140,235,180	41,445,329	22.81%	9.31%	11.13%
5		173,496,000	130,800,117	42,695,883	24.61%	8.89%	11.47%
6		101,728,000	83,996,426	17,731,574	17.43%	5.21%	4.76%
7		82,614,700	72,217,619	10,397,081	12.59%	4.23%	2.79%
8		66,600,000	62,018,651	4,581,349	6.88%	3.41%	1.23%
9		54,022,800	44,115,286	9,907,514	18.34%	2.77%	2.66%
10		40,349,112	43,178,633	−2,829,521	−7.01%	2.07%	−0.76%
11		36,089,500	17,772,475	18,317,025	50.75%	1.85%	4.92%
12		27,468,800	22,157,319	5,311,481	19.34%	1.41%	1.43%
13		19,206,660	15,665,023	3,541,637	18.44%	0.98%	0.95%
14		16,016,000	12,388,864	3,627,136	22.65%	0.82%	0.97%
15		15,924,320	9,532,109	6,392,211	40.14%	0.82%	1.72%
16		12,651,134	12,577,099	74,035	0.59%	0.65%	0.02%
17		13,082,000	9,495,819	3,586,181	27.41%	0.67%	0.96%
18		8,760,000	7,542,065	1,217,935	13.90%	0.45%	0.33%
19		8,200,000	7,760,128	439,872	5.36%	0.42%	0.12%
20		7,930,000	6,526,834	1,403,166	17.69%	0.41%	0.38%
21		5,060,000	3,854,225	1,205,775	23.83%	0.26%	0.32%
22		1,250,000	1,000,594	249,406	19.95%	0.06%	0.07%
	〈主要得意先22社合計〉	1,824,386,377	1,483,354,972	341,031,405	18.69%	93.47%	91.62%
	〈その他得意先合計〉	127,513,177	96,314,046	31,199,131	24.47%	6.53%	8.38%
	〈総合計〉	1,951,899,554	1,579,669,018	372,230,536	19.07%	100.00%	100.00%

＊今後、この数字を25%まで引き上げていく

事や利益率が著しく低い物件を中心に見るだけでいいのである。そして、もしそれらの物件が無ければ会社にどれだけ利益が残ったのか、低利益ではなくある程度利益が確保されていればどうだったか。そしてそれらの物件が無かった場合、会社の利益率はどれくらいなのか。そういった部分に、経営改善における答えの入り口がある。

赤字工事はもとより、著しく採算性の低い工事（利益率１％付近）は決して受注してはいけない。

年間の売上高が下がろうが、経審の点数が下がろうが、受注してはいけない。経審の点数に関しては、ある程度は腹をくくるしかない。現在、出せる点数の範囲でとれる仕事をとるしかないのである。

この辺については、かなり反論がありそうだ。「仕事がとれなければ元も子もない」「売上が上がらなければ、借り入れ金返済の原資の入金が無くなる」などと言われそうだ。

しかし、その結果が今なのである。その従来の考え方の結果、いま何かが良くなっているだろうか。悪くなる一方のはずである。

本気で経営改善を行うなら、まずはこの部分で意識の切り替えをしてほしい。そんなに難しい話ではない。

そして、経営陣や営業担当者には一件でも１円でも不採算工事を出さないという徹底した覚悟を求めたい。経営者も経営幹部も、そして社員の皆さんも、「こんなやり方がいつまでも続くわけがない」とうすうす感じているはずなのだ。そして、当たり前のことだが、粉飾はしてはいけない。

必ず「完成基準」を用いる

　正しい経営数値を把握し、赤字受注をなくすためには、売上を計上する会計基準を見直す必要もある。
　建設会社の会計基準には大きく分けて、「完成基準」と「進行基準」がある。

　「完成基準」は、現場が完成した時点で売上を計上し、入金と出金を精算する方法だ。納品終了時、検査終了時、引き渡し時など「完成」の基準も実は曖昧であるが、一応、現場が終了した時点で入金と出金が精算されるので、現場ごとの採算は明確である。
　現場ごとの採算が明確になることは基本的にいいのだが、逆に言えば明確にしたくない現場では使いたくない、ということになりやすい。また、工期が何年にもわたる場合、現場が終了するまではその現場の売上が決算書上、全く出てこないため、会社の規模によっては赤字になるケースもある。
　一方、「進行基準」では、期を跨ぐ工事については決算時点での売上高と売上原価を当期分と次期以降の分に分ける。その期において会社が行った工事が全て出来高で計上されるため、厳密に行うことが可能であれば、理屈上は最も正しい計上方法となる。
　しかし、進行中の工事について、特定時点での売上高と売上原価を正確に見積もることはかなり困難である。せめて、その現場の受注時点での見込み利益率を使い、売上高と売上原価を日割り計算ができればいいのだが、一般的には受注時点の見込み利益率と完成時点での利益率には差が出ることが多い。それでも可能な限り実際の数値に基づ

いて処理すればいいのだが、期によって売上の数字が足りない場合、かなりの確率で数字の出入りを操作することになる。

　赤字にはしたくないので進行基準を使わざるを得なくなり、結果的に数字の操作に手を染めることにつながる。

　進行基準の使用には一定の適用基準（売上規模や工期など）を設けた上で、厳しい決算の時でも売上と工事原価の振り分けは可能な限り厳密に行い、数字の操作はしない強い意志が必要となる。

　もうひとつ、規模の小さな会社で意外に用いられることが多いのが「入出金基準」だ。

　このやり方は単純明快で、期間中の全入金が売上高、全出金が売上原価とする方式である。売上を上げたければ、とにかく頼み込んで入金だけでもしてもらえばいい。逆に言えば、支払いを遅らせれば原価は落とせる。完成基準では売上が大きく変動するデメリットがある、という理由でこの入出金基準を採用している会社が小規模の会社で意外に多い。

　しかし、この方式で作成した決算書では、その会社の実力や経営状況を判断することは不可能であり、まったく意味のない決算書が蓄積され続ける。

　経営を改善しようと思うなら絶対にとってはいけないやり方であり、税理士・会計士のみなさんも強く指摘すべきである。

　私がコンサルティングしているある会社で、税務調査に来た税務署の担当者にどの会計基準で処理するのが正しいのか聞いたところ、「基本的には完成基準が望ましい」と言われた。

建設業会計では以前、工事ごとに完成基準または進行基準のいずれかを選択適用できることになっていた。

しかし、それでは会社の恣意的な選択が可能なので、2009年からは「工事収益総額、工事原価総額、決算日における進捗度の3つが信頼性を持って見積もれる場合は工事進行基準を用いなければならない」とされている。

ただし、先ほど述べたように、よほどしっかりした見積もりや原価管理を行わないと、進行基準の適用は難しい。そのため実際には、完成基準を用いるのが基本となろう。税務署担当者のコメントとも合致する。

以上のことから、私は経営改善に取り組もうとするならば、「完成基準」に一本化することをルールにすべきだと考える。

工期1年未満の工事は当然、完成基準だし、期をまたぐ工事も基本的には完成基準で計上する。よほどの大規模工事では進行基準もありえるが、その場合は必ず一定の社内ルールを設けて一律、適用しなければならない。

図表25　会計基準の比較

	①請求月売上	②入金月売上	③完工基準売上	④進行基準売上	⑤完工・進行基準併用売上
	×	×	スタンダード	スタンダード	推奨
内容	請求書発行月に、各月の請求金額にて売上計上。原価も発生基準（請求書受付時）の会社が多い。	各入金月に、その月の各入金額にて売上計上。原価も入金基準の会社が多い。	現場完成月に一括売上計上。（納品・社内検査・引き渡し時等）	決算時（または月次締め時）に、その時点での現場出来高に応じて売上計上。材料費・外注費・諸経費等も出来高に準ずる。	基本的に完工基準にて売上計上を行うが、長期にわたる物件のみ、進行基準を適用。長期物件の基準は各社にて定める。
労務費の扱い（一般的）	すべて毎月次で原価計上。	すべて毎月次で原価計上。	当然、労務費も原価と捉え、期をまたぐときは労務費も他の原価（材料費・外注費等）と同様に次期に移行する。よって、作業員の年間人数が同じでも、労務費は期によって変動する。	すべて毎月次で原価計上。	労務費も完工基準に準じた原価と捉え、期をまたぐときは完成期に労務費も他の原価（材料費・外注費等）と同様に次期に移行する。もちろん、進行基準適用現場も同様となる。
メリット	一見、進行基準に近い。請求が全て出来高に応じて行われているのであれば、売上計上金額は実態に近い。	特にない。そして、意外にこの入金基準の会社が多い。工期のある、特に建設業界およびそれに近い会社の場合、決して適用してはいけない。（私の顧問先の会社の入金基準の会社は全て計上の仕方を変えています）	メリットというより、建設業およびそれに付随した業界は、この完工基準または進行基準を用いなければならない。業界のスタンダード。現場完成月に、その現場の売上金額全てと、原価の全てを計上する。各現場の採算の合計が試算表または決算書に出るため、全社のその時点および累計の〈売上総利益率〉が明確に分かる。	正しく作成と管理ができれば、試算表においても、決算書においても、最も理屈正しく、理解しやすい状態で売上が計上される。進行基準に伴い各原価を付随するため、売上総利益・営業利益・経常利益など、全てにおいての各月時点での採算の把握が可能。	長期物件のみ進行基準にするため、作業の手間が少ない。また、その他の物件は全て完工基準で計上を行うため、月次における試算表の〈売上総利益率〉の精度は高い。
デメリット	請求が出来高に応じておらず、バラつきがある場合（前金・中間金・完成時一括等）、売上金額は取引先への請求の仕方次第で大きく変わり、各利益段階で大きな赤字にも大きな黒字にもなる。その場合、決算に真実味はほとんどない。また、数字の操作が容易に可能であり、まだ出来高が上がっていない現場でも請求さえすれば売上計上は可能。	入金が出来高に応じておらず、バラつきがある場合（前金・中間金・完成時一括等）、売上金額は取引先からの入金の仕方次第で大きく変わり、各利益段階で大きな赤字にも大きな黒字にもなる。その場合、決算に真実味はほとんどない。また、数字の操作が容易に可能であり、取引先にお願いして、入金さえすれば売上計上可能。	デメリットという言い方が正しいかどうかは分からないが、現場が完成しない限り売上が上がらないため、一般管理費を差し引くと、期中においては赤字が続くケースが多い。特に建設業界は年度末の完成が多いため、その傾向が強い。その場合は受注残管理を明確にしておく必要がある。	正しく作成と管理をするには大変な労力がかかる。そもそも、その月時点での出来高や原価を出す事そのものが難解である。また、原価配分を少し変えるだけで、利益操作も容易に可能。期内においてよく飾られた試算表が、結果として、採算の配分のしわ寄せにより、期末にひっくり返る例も多い。	デメリットに関しては、完工基準と同様。現場によっては期末売上が上がらないため、一般管理費を差し引くと、期中においては赤字が続くケースが多い。特に建設業界は年度末の完成が多いため、その傾向が強い。その場合は受注残管理を明確にしておく必要がある。

〈ルール②〉年間の「必要粗利益額」を全社の最重要目標とする

売上ではなく利益の向上を目指す

　経営改善とは、業績を上げることである。そして、業績を上げることは売上高を上げることではない。「営業利益」「経常利益」そして最終的な利益である「純利益」を上げることだ。

　しかし、様々な建設関係の会社の99％は「売上高」を目指し、あるいは目安としている。

　なぜだろうか。ここが不思議な部分である。今まで多くの経営者と話をしてみたが、ある程度の売上高があれば利益は付いてくる、と皆考えているのだ。

　では、それぞれ各社が過去に売上高がある程度あった年に利益が付いてきているのかといえば、多少は付いてきているが、売上高ほど付いてきてはいない。多少、利益が多い程度である。

　各都道府県の建設業界の年間のランキングが発表されている。その順位はすべて「売上高」の順になっている。そういったことも影響しているのか、売上高に対するこだわりは皆、尋常ではない。

図表26　経営改善のベース

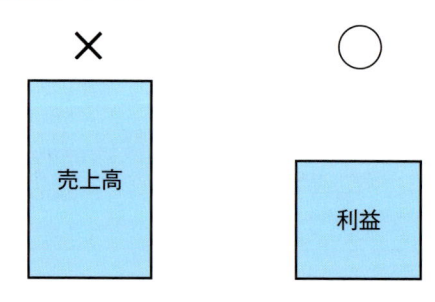

×　売上高　　　〇　利益

正直まったく理解に苦しむ。重ねて言うが、「経営を改善する」「業績を上げる」ということは利益を上げることである。であれば、目指すべきは「利益」に決まっている。

　売上に比例して粗利益が付いてくる業種であれば、売上を目安や目標にするのもいいだろう。しかし、建設業では一つひとつの現場の採算は黒字から大赤字まで幅があり、様々な条件によって現場の完成まで確実ではない。そういう業界において、売上が上がれば利益が付いてくるとは言えるはずもない。むしろ、自社の施工能力を超えて受注すれば、利益は確実に下がるはずだ。

　本当は皆、分かっているはずである。この部分の発想の切り替えができなければ、業績回復などできるはずもなく、延々と不安定な状態で生きるしかない。業績改善のためには、この意識の切り替えが絶対条件である。

「必要粗利益額」の算出方法

　では、目指すべき利益とはいくらくらいであろうか。
　「これくらい儲けたい」といった願望は皆さん持っているかもしれない。しかし、経営改善においては、そうした主観的なイメージや願望は意味がない。経営改善の目標としては、データに基づく客観的な数字でなければならない。

　私がいつも唱えているのは、年間売上高から「労務費」「材料費」「外注費」「現場諸経費」の４つからなる工事原価を差し引いた「粗利益」の必要最低限度（「必要粗利益額」）こそ、会社が目指すべき唯一の目

第3章　経営改善に絶対必要な4つのルール

図表27 「必要粗利益額」の考え方

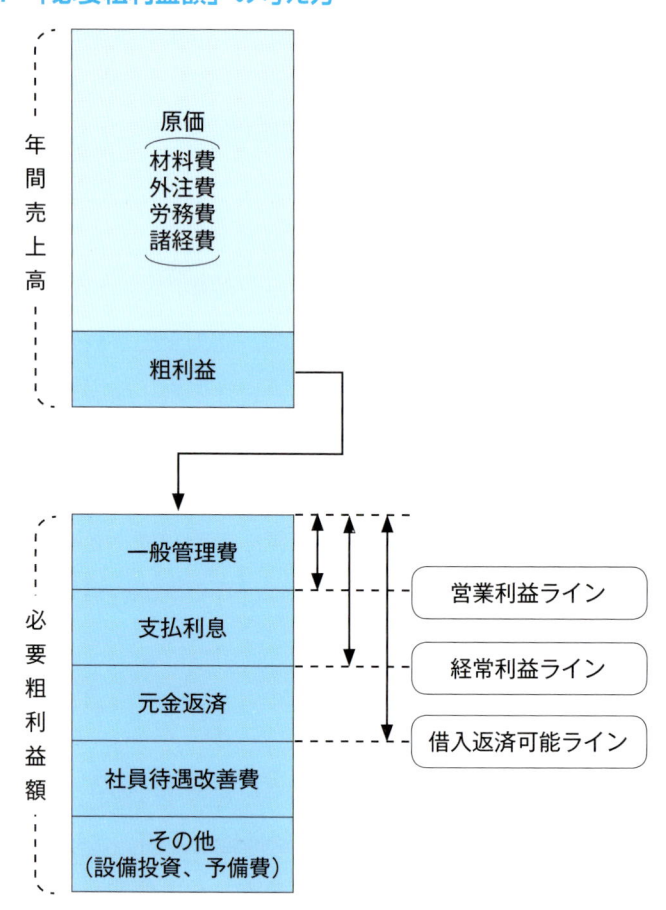

年間売上高
- 原価（材料費・外注費・労務費・諸経費）
- 粗利益

必要粗利益額
- 一般管理費
- 支払利息
- 元金返済
- 社員待遇改善費
- その他（設備投資、予備費）

- 営業利益ライン
- 経常利益ライン
- 借入返済可能ライン

標数字であるということだ。

「必要粗利益額」は、次の合計で求める。

まず、「一般管理費」である。一般管理費には、各現場の労務費（工事原価に含まれる）以外の本社スタッフの人件費や事務所経費、交通費、車両費、接待交際費などが含まれる。
事業を続けていく上では当然に必要なコストであり、粗利益がこれを超えないと、本業での儲けを示す「営業利益」が黒字にならない。本業で儲けが出ない営業赤字の会社は、基本的には存続不可能という見方もできる。

次に「支払利息」である。金融機関からの借入金に対して発生する金利は会計上、「営業外損失」とされ、営業利益から差し引かれる。
支払利息も会社が存続していく上では当然に必要なコストであり、粗利益でこれをカバーできないと、「経常利益」が黒字にならない。
この支払利息も払えない会社は、経営者が自身で調達するか、金融機関から短期融資等の交渉をする必要があるが、それも難しくなれば倒産に至る。

会計上は、このほか特別利益・特別損失があり、経常利益から差し引いたものが「税引前利益」となる。そして、法人税を支払った残りが「純利益」である。

純利益が出たとしても、まだ十分ではない。そこから、借入金の元

金を返済しなければならないからだ。

　黒字で法人税を支払っている建設会社でも、過去の多額の借り入れにより、元金の返済が重くのしかかっているケースは少なくない。

　純利益の中からはその他にも、「社員待遇改善費」（具体的にはボーナス）や古くなった設備や車両を入れ替える設備投資、あるいは緊急事態への備えや予備費など「その他」の金額も必要になる。

　これらを合計したものが「必要粗利益額」である。この金額を粗利益として稼がなければ、会社が安定して存続することはできない。
　これは逆に、社員にとっては、「これだけ稼げばボーナスが出るんだ」という目安にもなる。

ボーナスは可能な限り改革1年目から出す

　「必要粗利益額」の中では、「一般管理費」と「支払利息」は絶対に欠かせない金額である。
　それに対して、「元金返済」「社員待遇改善費」「その他」は、黒字で税金を支払った後の「純利益」でまかなわなければならない。また、ここまでを分かっていない経営者も意外に多いので、改めて理解してほしい。
　ここで、税金をどう見るかという問題があるが、実効税率は繰越損失や特別損失など会社によって異なるので、とりあえずは脇に置く。

　重要なのは、「純利益」を「元金返済」「社員待遇改善費」「その他」にどのように割り振るかだ。

私がサポートする企業では通常、経営改善に取り組む1年目からボーナスを出すようにしている。もともと業績が悪いのでボーナスがカットされていることが多いが、1年目でも可能な限りボーナスを出す。そうしないと、経営改善に取り組もうという社員のモチベーションが上がらないからだ。金融機関としては、経営改善がうまくいき、少しでも利益が出れば元金分を返してほしいと考えるものだが、そこは説明し、納得してもらうようにしている。

　経営改善では、社員の気持ちが非常に大事である。「みんなでやろう！」「これをやりきれば業績が良くなり、収入が増える」と思えるかどうかで、結果はまったく違ったものになる。

業務の遂行は予算先行管理で

　「必要粗利益額」を設定した後、業務の遂行にあたっては「予算先行管理」を徹底する（図表28）。

図表28　「予算先行管理」とは？

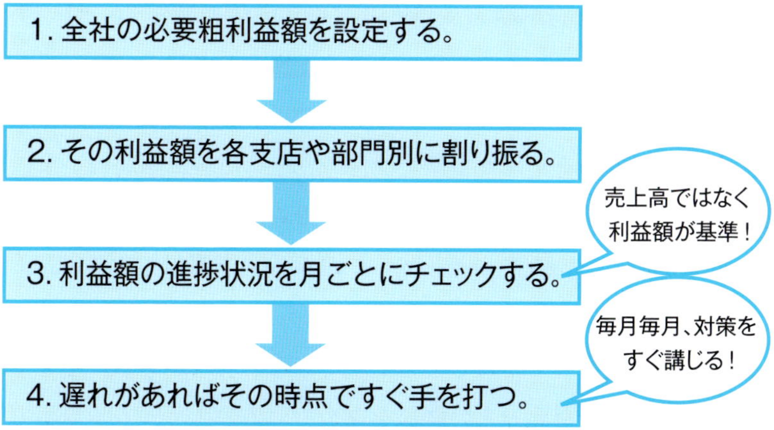

1. 全社の必要粗利益額を設定する。
2. その利益額を各支店や部門別に割り振る。
3. 利益額の進捗状況を月ごとにチェックする。（売上高ではなく利益額が基準！）
4. 遅れがあればその時点ですぐ手を打つ。（毎月毎月、対策をすぐ講じる！）

ここで言う、「予算先行管理」とは、全社の目標利益額を各支店や部門別に割り振り、その進捗状況を月ごとにチェックし、遅れがあればその時点ですぐ手を打つということだ。「売上最優先」でとにかく受注を目指し、収支の差である「利益額」は工事が終わってからでないと分からないというやり方の正反対の考え方である。

例えば、営業部門が受注を目指す際、赤字は当然厳禁である。事前に利益がいくら見込めるか工事部門とすり合わせて、まず見積もりを作る。

そのためには、「受注ありき」「利益は受注してから考える」という発想を捨てなければならない。あくまでも獲得できる「利益額」の可能性を中心に考え、自社でどこまでコストを落とすことができるかを、工事部門と連携して徹底して議論しなければならない。

しかし、何度も言っているが、一般的な会社はほぼ議論などしていない。営業は工事部門の責任者に相談すらしない。

営業は営業の独自判断と見積もり基準で原価を想定し、受注する。工事部門に相談などしたら、彼らの必要な原価が上積みされ、そんな金額では受注できないと考えているからである。

しかし、営業の査定した金額で受注したとしても、結局は工事担当者が見るのだから、そこで揉めるくらいなら最初から議論したほうがいいはずである。だが、それをしない。だから工事部門との溝が深まる。

確かに、価格だけで勝負しても受注できない現状がある。そうであれば、価格以外で得意先との関係を深め、対応のスピードや提案力等

で差別化を図らなければならない。それができないから、というよりしたくないから、安易な価格勝負に走るのである。

　いかに価格勝負に持ち込まないか、というのはどの業界でも永遠のテーマである。まして入札による金額勝負の部分などが多い建設業界では、提案力などではどうしようもないと言われがちだが、果たしてそうだろうか。安易に言い訳せず、できる限り対応力と提案力で勝負してほしいと思う。

　工事部門も、それぞれの工事で確保すべき利益を意識しながら進行管理を行う。これは当然、基本である。よくある「足りない分は次の現場で補てんすればいい」などという発想は厳禁だ。

　むしろ、現場でもいかに利益を上げるかを考えるべきだ。その最もシンプルで可能性が高い方法は、追加増減工事の折衝だ。工事の段取り以外では、ここで工事担当者の優劣が分かれると言っても過言ではない。

　現場では、ある程度の規模になると必ず追加増減が発生する。工事を行うにあたり、数量・工事範囲等で当初の見積もりのままで終了することは極めて稀である。追加増減こそが現場における、利益獲得・利益アップのチャンスだ。

　ただし、この追加増減折衝は非常に手間がかかる。私も経験があるが、ここは相当時間を割かないと難しい。しかし、ここをしっかりと詰めれば大きな利益を見込めることがある。いずれにしても、それらはすべて「必要粗利益額」を意識することで初めて可能になる。

第3章　経営改善に絶対必要な4つのルール

〈ルール3〉「必要粗利益額」を達成するため組織改革を断行する

必ず現れる抵抗勢力

　全社挙げて「必要粗利益額」を目指すということは、建設会社が業績のV字回復に向けて迷う必要もなく進むべき道である。
　そして、業績を回復させるにあたっての前提条件となるのが「組織改革の断行」だ。

　私が関わってきた全ての会社において、私は各社に必要な「必要粗利益額」を算出し、全社員で目指すように指導しているが、必ず抵抗勢力が現れる。
　具体的には、「利益はとれない」「そんな都合良くいかない」「競争が厳しい」など、できない理由を並べまくる社員だ。その中にも、根気よく説得し、あるいは実際に変化が出てくると理解を示し、協力してくれる社員もいる。しかし、経営幹部（部長以上）となると話は別である。
　会社の利益が上がらず、低迷が続いていたのは、そういった幹部の営業の仕方や姿勢こそが問題だったのである。
　「売上高さえあればいい」と思っているのは経営者や経営幹部、営業責任者がほとんどであり、一般の社員はそうは思っていない。
　前述したように私は各社にコンサルティングに入る前に、必ず全社員と面談をする。そこで上がってくる声の多くは正論であり、普通のまともな意見が多い。そういった声に耳を貸さない幹部こそが、会社を破滅に導いているのである。

ところが、残念なことに経営者は、そういった問題のある幹部をなぜか異常に重用する。「その人がいるから会社がここまでこれた」とか、「その人がいなくなったら仕事がとれなくなる」などと、かばいまくる。
　しかし、そうした幹部が仕事をとれていたのは、基本的にバブル期あたりまでである。現在も当時と同じ考え方、やり方で仕事を進めているから会社が徐々におかしくなってきたことに、本人も経営者も気づいていない。

　結論として、そういった抵抗勢力は外す必要がある。それが「組織改革の断行」だ。
　この点について私からの人事の提案に対し、経営者は強い拒否感を示すことが多い。会社によっては、その経営者自身に問題がある会社も少なくない。
　できれば経営者、経営幹部、営業幹部が、受注の仕方において意識改革をしてくれればいいのだが、それが無理なら外すしかない。できなければ、会社がダメになるだけだからだ。

　一般に、そういった経営者や経営幹部、営業幹部は、現場サイドの社員をないがしろにする傾向もある（図表29）。

　「利益が出ていないのは、営業の問題ではない。現場のやり方が悪いからだ」と断言する人も多い。
　そういう人ほど、受注してから現場サイドへの引き継ぎの仕方を聞くと、詳細説明もせず、受注段階での根拠のある採算も示さず（根拠

第3章　経営改善に絶対必要な4つのルール

図表29　ダメな経営幹部の典型例

- 現場サイドの社員を見下す
- 現場担当者に「利益を上げろ」としか言わない
- かつての成功体験が忘れられず、自分が正しいと信じている
- 受注後、現場の引き継ぎでの説明がいい加減
- そもそも態度が横柄で傲慢
- 周りから冷たい目で見られていても気づいていない

が無いから示せないのだが)、現場担当者に「利益を上げろ」とだけ指示する。それでは上がる利益も上がらない。

　結局、営業に対する考え方などの前に、人として横柄で傲慢なのである。周りから信頼されず、冷めた目で見られていても、自分が絶対正しいと信じ、部下や後輩の声を聞くことができなくなっている。

新しいリーダーを社内から抜擢する

　そういった経営者や幹部を軸としない新しい組織を作るためには、新しいリーダーを社内から抜擢する必要がある。

　どんな会社にも必ず優秀な人材が眠っている。今まで虐げられながらも踏ん張っている、常識ある社員は必ずいる。そういった人は他の社員の信頼を集めている。そして、そういった人を段階を踏んで抜擢し、新組織の軸にするのである。

　野球であれば、チームとしてヒット数やホームランを目指すのではなく、あくまでも得点を目指すはずだ。得点するためには点が入りやすい打順を組み、また、失点を少なくするためそれぞれのポジションに適切な選手を配置しなければならない。経営改善のための組織改革も同じことである。

〈ルール4〉コミュニケーションの仕組みと社風を根付かせる

経営本を読むより社員の意見を聞くほうが早い

　一見単純に思えるが、「話し合う」ということが多くの会社でなされていない。子供同士がケンカをしたり問題が起こったりしたら、きちんと話し合え、と親なら誰でも言うのではないだろうか。しかし大人は話し合わない。

　なぜだろう。そもそも、人の話に耳を傾ける気がないのかもしれない。また、経営者や経営幹部は、一般社員を軽く見ているのかもしれない。よほど自分たちは優秀であると思っているのだろうか。
　仮に経営者や幹部が優秀であったとしても、たくさんの社員のいろいろな意見も聞いて、皆で話し合えばいいと私は思う。
　経営者や経営幹部が自分たちの考えや方針を社員に理解してもらいたいと思うのであれば、きちんと説明すればいいだけのことだ。
　なぜ話し合わずに、意見も聞かず、説明もしないでいるのか、私には分からない。

　もちろん、社員にもいろいろな人がいる。訳の分からないことを言ってくる社員もいるだろう、しかし、そういう人にも話をしなければならないと思う。重ねて言うが、経営者や経営幹部の大事な仕事のひとつは、社員と話をすることだ。

　テレビドラマの話で恐縮だが、『白い巨塔』の主人公である大学医学部教授の財前五郎は、亡くなった患者や遺族に対し術前にきちんと

話をしなかったという理由で敗訴した。「同じ結果に終わったとしても、納得の度合いが違う」というやり取りもあった。

　経営者や経営幹部は、社員と個別に話をする機会を年間に1〜2回は持ち、皆の意見に耳を傾けなければならない。その話の中で、「なるほど」と思う意見があれば、どんどん取り入れればいい。
　経営本を読んで勉強するくらいなら、社員の意見を聞いたほうがよほど役立つはずである。

定例会議を必ず実施する

　オープンな話し合いの場としては、いわゆる会議がある。この会議こそが重要である。「経営会議」「管理職会議」「営業会議」「工事会議」などを定例化し、確実に実施する（図表30）。

　会議では、ルール２で挙げた「必要粗利益額」という目標の共有と数字の進捗状況の確認、その時点での問題・課題を取り上げ、解決策とその期限、さらには責任者を決めなければならない。

　それらを皆で話し合うのである。経営者や経営幹部は、決して一方的に話してはいけない。持論ばかりを展開し、参加者が意見を言いにくくなるようにしてはいけない。

　現場で起こっている事実とそれに対する有意義な意見を掘り起こし、参考になるものはどんどん経営改善に反映していく。自分の意見がきちんと聞いてもらえ、さらに会社の経営に反映されることは、社員にとって金銭とは別の大きなインセンティブになる。

　もちろん、日頃の挨拶や何気ない会話も大切だ。そのために私はよく、社内のレイアウトを変えてもらう。社長室をなくし、会長室にはカギをかけて入れないようにしたこともある。代わりに、経営トップも社員と机を並べ、現場にも出る。

　経営者が社員ときちんと向き合い、誠実に話し合えば、経営者と社員の間の溝が次第に埋まり、社内に一体感ができてくる。これで良くならない会社は存在しないと言っていい。

図表30　定例会議の例

名　称	頻　度	概　要
経営会議	毎月	社長、役員、部長クラスが集まり、各部門の報告や情報共有を行い、必要な戦略を話し合う。
管理職会議	半期ごと	経営会議の参加者に加え、課長クラスを含めて半期ごとに、全社の経営状況や当期の計画などを確認、共有する。
営業会議	毎月	営業担当者が全員集まり、拠点や部門別、担当者別の受注および利益の進捗状況を報告し、必要な対策を検討する。
工事会議	毎月	工事責任者が集まり、各工事の利益を含む進捗状況を報告し、必要な対策を検討する。

図表31　経営会議で使用する資料の例

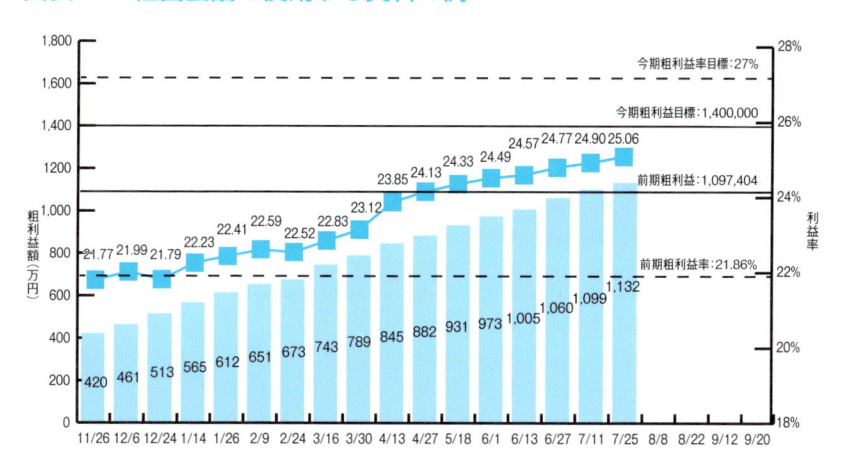

今期粗利益率目標：27%
今期粗利益目標：1,400,000
前期粗利益：1,097,404
前期粗利益率：21.86%

日付	粗利益額（万円）	利益率
11/26	420	21.77
12/6	461	21.99
12/24	513	21.79
1/14	565	22.23
1/26	612	22.41
2/9	651	22.59
2/24	673	22.52
3/16	743	22.83
3/30	789	23.12
4/13	845	23.85
4/27	882	24.13
5/18	931	24.33
6/1	973	24.49
6/13	1,005	24.57
6/27	1,060	24.77
7/11	1,099	24.90
7/25	1,132	25.06

第4章

たった1年で利益を10倍にする経営改善の8ステップ

リストラもコストカットも
まったく不要

第4章　たった1年で利益を10倍にする経営改善の8ステップ

　本章では、実際に建設業の経営改善を進める具体的な手順を説明したい。

　いつも私がコンサルティングを行う際のやり方をベースにしつつ、経営者や経営幹部の皆さんが自分たちだけでも行えるようなかたちで整理してみた。

　次の8つのステップである。

図表32　経営改善の8STEP

〈STEP 1〉経営者が「危機意識」を持つ
〈STEP 2〉年間の「必要粗利益額」を算出する
〈STEP 3〉現場の規模やタイプ別に「利益率を設定」する
〈STEP 4〉「経営計画」の作成と「営業戦略」の再検討
〈STEP 5〉「全社員との面談」を実施する
〈STEP 6〉「組織改革」の骨子をまとめる
〈STEP 7〉「社員説明会」を実施する
〈STEP 8〉「各種定例会議」で数値の進捗管理を徹底する

〈STEP 1〉経営者が「危機意識」を持つ

経営者の意識改革が出発点

　私のところに相談が来るのは基本的に、業績の良くない建設会社や建設関連企業である。それも切羽詰まって、末期的な状況のところが多い。

　また、最近は各社のメインバンクから「何とかしてほしい」と依頼されるケースも増えてきている。

　引き受けた場合、私は経営者の考え方やこれまでの経緯を確認するため、経営者に「なぜこうなったと思いますか？」と原因について尋ねる。そして、過去3年分ほどの決算書を見せてもらう。その中の売掛金や未成工事支出金、純利益の推移などを見れば、粉飾しているかどうかはすぐに分かることが多い。

　経営改善に取り組むにあたって、まず必要不可欠なのは経営者の危機意識だ。経営者が業績不振を世の中や社員、自社の顧客など他人のせいにしていては、経営改善などできるはずがない。

　同じ状況でも、健全な経営を続け黒字体質の建設会社は多く存在している。そうした会社と自社は何が違うのか。社員や環境のせいにするのではなく、真摯に経営者としての自分自身に原因を求め、反省することが必要だ。

　「このままではだめだ」という危機意識を持ち、自分が変わることを決意しなければならない。「どうしたらいいか？」を本気で考える必要がある。

精神論を言っているのではない。経営者の意識改革が中途半端な状態のままでは、社員にも取引先にも経営再建に協力しようというモチベーションが生まれない。だからこそ、経営不振を自分の責任としてとらえることが出発点となる。その姿勢は必ず社員や取引先、そして取引銀行などにも伝わる。

図表33　経営改善の出発点

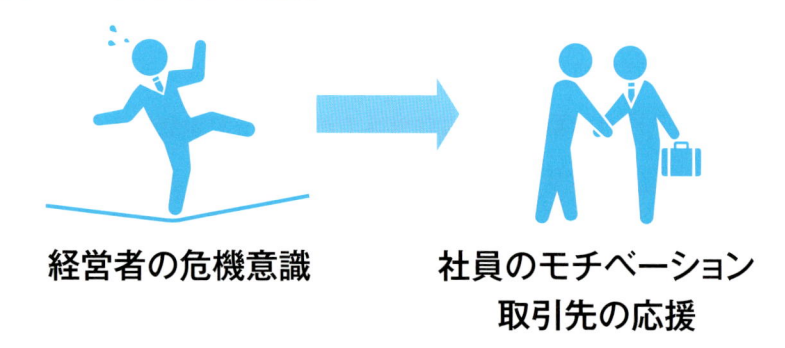

経営者の危機意識　→　社員のモチベーション　取引先の応援

自社の状況を反映した正しい数字を確認する

　経営改善に取り組むにあたっては、第3章のルール1でも述べたように、正しい数値、データの確認が必要である。
　具体的には、直近3期分の決算書のベースとなる現場ごとの利益が分かる「物件別採算明細」から、粗利益総額、赤字累計額、粗利益率の実態を調べ、粉飾されている数値を可能な限り本来の数値に戻す。
　新たな目標を追いかける前に、やはり自社の本当の状況を知らなければならない。数字の操作や大規模な粉飾を数年にわたり行っている場合、貸借対照表と損益計算書を本来の数字に戻すと凄まじいことに

なるケースもある（特に貸借対照表）。それをそのまま金融機関などに渡すと、それはそれで大変なことになる。

　しかし、社内上の数字としてだけでも、実態に戻さなければならない。それも含めての経営改善である。そこから逃げては話にならない。

　金融機関も、うすうすは気が付いていることが多い。分かっていて黙っていることもあるのである。

　では、金融機関からの協力は得られず、黙って騙し続けるしかないのか。そんなことはない。協力を得られない金融機関もあるだろうが、経営者が反省をし、覚悟を決め、本気で改善に取り組む姿勢を示した場合、協力してくれる金融機関は必ずある。

　銀行も近年、コンサルティング機能の強化に努めている。経営を改善して利益が出る体質に変わり、少しずつでも元金返済をしていけるプランを提示できれば、みすみす倒産させるより、銀行にとってもメリットがあると考えてくれる場合もあるのだ。

　経営者一人で悩み、いままでのやり方を続けるのではなく、第三者それも実績のある専門家に相談して具体的な指示を受けたほうがいい。

　実際、私がサポートして借入金の元本を一定期間据え置きしてもらい、それから短期間（1〜2年）で健全経営を実現した建設会社はいくつもある。

　いずれにしても、その場合もあくまで経営者の危機意識が前提になるのである。

〈STEP 2〉年間の「必要粗利益額」を算出する

「必要粗利益額」を目標とする

　第３章でも述べたが、経営改善に本気で取り組むことを決意したら、目標の設定から始める。

　繰り返し指摘してきたように、建設会社では従来、売上高を目標にしてきた会社が圧倒的に多い。製造メーカーであれば販売数などを目標とするケースも多いだろう。しかし、経営改善で目指すべきは利益、具体的には第３章のルール２で説明した「必要粗利益額」である。

　「必要粗利益額」の計算はいたってシンプルだ。現場の労務費を除く人件費や事務所代などの「一般管理費」に、借入金の「支払利息」を加える。さらに、借入金の「元金返済」、ボーナスなど「社員待遇改善費」、そして一定の設備投資や予備費など「その他」を上乗せする。これが会社を健全に運営していくために最低限必要な粗利益なのである。

　なお、「必要粗利益額」の設定は経営方針そのものであり、社長など経営トップがリーダーシップを持って行わなければならない。

〈STEP 3〉現場の規模やタイプ別に「利益率を設定」する

売上と目標粗利益額から利益率は当然、決まる

　利益率は、売上高に対する粗利益の割合だが、必要粗利益額は既に決まっている。あとは売上高をどうするかだ。

　一般には利益を上げる場合は売上も比例させるが、私の考え方としては、売上高は基本的に前年並み程度とする。または、過去３年の平均値くらいでもいいだろう。

　売上重視だと、どうしても「前年比５％アップ」などといった発想になるが、経営改善で重要なのは何回も言うが、利益を目指すことだ。

　いろいろな意見はあると思うが、売上は受注量を増やさなければならないため、営業的要素や業況の要素に少なからず作用されると私は思う。したがって、思ったよりも受注できなかったという事態が十分に考えられる。また、受注量が増えるということは、それを管理する工事社員の負担が重くなるということだ。工事社員をある程度多く抱えている会社ならいいが、そうでない場合、現状の人員に負担がかかったり、人手不足に陥ったりしかねない。

　よって受注を現状維持、場合によっては現状より控え目な数字で計画してもいいと思う。現状やそれ以下の売上で、受注現場に全力を尽くして原価管理をしてもらうのだ。

　こうして目指すべき「必要粗利益額」と売上高が決まれば、そこから会社全体として目指すべき「利益率」がおのずと出てくる。

　私の経験では、建設業界の中のどんな業種かにもよるが、利益率目安は20％程度になることが多い。しかし、現実にはこれより多くて

も構わないし、逆にいきなりの高利益率では抵抗が多そうであれば、多少低くてもよいと思う。重要なのは、「必要粗利益額」を達成するために必要な「利益率」を把握することである。

業種や規模ごとに利益率の設定を変える

多くの会社では、顧客の規模や部門の種別によって利益率は異なるはずだ。一般に大規模工事ほど粗利益率は下がり、小規模工事は高くなる。部門別の利益率の設定は、これまでの受注実績や次のステップである現状把握を踏まえて、各部門の責任者などとすり合わせながら落とし込んでいく。例えば、工事の種類や得意先、売上高によって次表のように分類する。

図表34　利益率の分類例

工事の種類別	・民間建築工事	10%
	・公共建築工事	15%
	・民間土木工事	15%
	・公共土木工事	20%
	・リフォーム工事	30%
得意先別	・ゼネコン	10%
	・住宅会社	15%
	・リフォーム会社	20%
	・直需	30%
工事金額別	・10億円以上	7%
	・1億〜10億円未満	10%
	・1000万〜1億円未満	15%
	・200万〜1000万円以下	20%
	・200万円未満	30%

図表35　部門別利益目標の設定例　　　　　　　　　　　　　　（単位：千円）

部門	部門A	部門B	部門C	合計
売上高（目安）	2,000,000	2,500,000	3,000,000	7,500,000
目標粗利益	400,000	550,000	700,000	1,650,000
粗目標利益率	20%	22%	約23%	22%

図表36　最低利益率目安

部門A		部門B		部門C	
売上高 1億円以上	8%	売上高 1億円以上	15%	全案件共通	35%
売上高 5000万円〜1億円未満	12%	売上高 1000万円〜1億円未満	20%		
売上高 1000万円〜5000万円未満	15%	売上高1000万円未満 の少額工事	25%		
売上高 200万円〜1000万円未満	20%				
売上高200万円以下 の少額工事	30%				

実は少額工事は宝の山

　利益率に関連して、少額工事の重要性を強調しておきたい。

　少額工事は通常、追加工事や引き渡し後、数年経ったメンテナンス関連の仕事が多い。現場担当者からすれば、ついでに行うわりに結構手間のかかる工事という位置づけだと思うが、きちんと行えば実は高利益率を確保しやすい。追加工事やメンテナンス工事であるため、発注者もさほど金額を気にしていなかったり、金額よりもスピード重視だったりする。

そこで、少額工事の目標利益率は業種を問わず、最低30％には設定してほしい。また、少額工事が多いときは専任担当者をつけるのもよい。

いずれにしても、まずは自社の少額工事がボリュームとしてどれくらいの規模があるかを把握することだ。規模に関しては各社様々なので一概には言えないが、売上高200万円未満を少額工事のラインとして見るとよい。

そして昨年および一昨年の200万円以下の工事が年間いくらあり、利益がいくら取れていたのかを理解する。通常は10〜15％だと思う。

それを30％にするのだ。少額工事での売上高が年間2億円あるとすると、現状の15％を倍にした30％にとりあえず設定する。そうすると、年間で利益が3000万円アップすることになる。中規模の会社の経常利益に匹敵するだけの金額になるのだ。

目標であり目安を決めるというのは、とにかく重要だ。「必要粗利益額」の設定もそうだが、この「利益率」の設定も同様である。

現場には様々なものがある。手間のかかる工事や楽な工事、折衝しやすい発注者もいれば細かな注文ばかりつけてくる発注者もいる。「利益率など発注者によって様々だから共通利益率など不可能だ」と、今まで私は1000人以上に言われてきた。しかし、本当にそうだろうか。

目安がないから安易に「とりあえず10％程度」としている会社（というより担当者）がほとんどではないだろうか。それは結局、少額工事や小さな工事を軽く見ているのであり、面倒な折衝を細々としたくないという言い訳にすぎないのだ。

利益率を設定したところで、そんなに利益が取れない相手もいる。しかしそのラインをもとに交渉だけでもしてほしいのだ。相手に値引きを要求された場合、これ以上無理だなと思った時点で値引きすればいい。それだけである。何としてもその利益で突っぱねろ、とは今まで一度も言ったことはない。

図表37　少額工事は意外に儲かる

少額工事は金額が小さく、いろいろ面倒くさい

少額工事のほうが細かい注文が少なく、やり方によっては儲かる

　今までの私自身や、私の顧問先での経験で言えば、利益率30％（あるいはそれ以上）で少額工事の見積もりを提出しても、90％以上はその金額で通っている。残りの10％も値引き要求はあるが、多少引くだけで通る。そして、平均利益率20％以上は確保できているのである。
　そもそも皆、「安く出さないと通らない」と思い過ぎなのだ。本工事などは様々な競争の末に受注しているので利益率は低くなりがちだ

が、追加工事やメンテナンス工事の金額について、相手はそれほど気にしていない。万が一、うるさく言ってきたらそのときは値引きすればいいだけである。

　自分に置き換えて考えてみてほしい。自宅で急に水漏れが発生し、自宅を建ててもらった会社のメンテナンス担当者を呼んで直してもらい、「1万5000円です」と言われて、玄関先で交渉するだろうか。多少の端数はカットしてもらっても、そのまま支払うはずである。逆に「助かった、ありがとう」と思うはずである。金額よりスピーディで誠実な対応をすればいいだけである。

　少額工事の「目標利益率30％」、会社の業態によっては自社の利益のベースになる可能性も十分にあるので、ぜひ実践してほしい。

〈STEP 4〉「経営計画」の作成と「営業戦略」の再検討

向こう3カ年の「経営計画」を策定する

　全社の目標となる「必要粗利益額」、そして「利益率」を設定したら、向こう3カ年の具体的な数字に落とし込んだ「経営計画」を作成する。
　「経営計画」といっても難しいものを作る必要はない。決算書ベースの数字をもとに、自社に必要な範囲で組み立てるだけである。今後の会社には、明確に目標とするべき全社の設計図となる数字の基本軸が必要だからだ。

　売上は先ほど述べたように前年並み、あるいは過去3年の平均などでよいが、公共工事と民間工事の割合には注意が必要だ。公共工事は年度によって発注量のアップダウンが大きく、依存率が80％以上は危険である。できることならこの機会に、公共工事は売上全体の60％程度にまで抑え、他は民間工事でカバーするようにしたい。もちろん、民間工事も受注先のバランスが大事なので、特定の発注先ばかりに偏ることを避けた上で、この機会に顧客基盤の拡大を目指していただきたい。

　なお、私はこの段階でさらに数字のポイントだけを押さえた、10年計画や15年計画を作成することもある。これは主に、金融機関との交渉に必要なものだ。現状の借入金をどのように返済していくか、長期的な見通しを示すのである。借入金が多い場合、長期的な視野が持てず、逆に目先の資金繰りに終始し、さらなる苦境に陥ってしまうというケースが目立つ。

それを避けるには、今どれくらいの利益を上げれば、何年先を目途に借入金をどれくらいまで減らせるのか、という絵を自分で描かなければならない。作業としては難しいことではないにもかかわらず、そういった絵を描こうとする経営者は少ない。そして、その作業を金融機関の担当者や、都道府県の機関に頼るケースも少なくない。自分たちの借入金である。自分たちで考え、その上で各機関と交渉するのが基本ではないだろうか。

　いずれにしても３カ年の「経営計画」において「必要粗利益額」が達成できれば、全額か一部かは金融機関との交渉になるが、元金を据え置いていた場合、元金の返済も開始しなければならない。その見通しをもとに、借入期間や金利についてさらなる交渉を行うことも必要になるだろう。

図表38 3カ年「経営計画」のサンプル

	1年目	2年目	3年目
売上高	240,000	240,000	240,000
材料費	36,000	35,000	34,000
（率）	15.0%	14.6%	14.2%
外注費	96,000	92,000	90,000
（率）	40.0%	38.3%	37.5%
現場経費	28,000	28,000	27,000
（率）	11.7%	11.7%	11.3%
労務費	32,000	33,000	34,000
（率）	13.3%	13.8%	14.2%
期首期末棚卸増減			
〈売上原価〉	192,000	188,000	185,000
（率）	80.0%	78.3%	77.1%
〈売上総利益〉	48,000	52,000	55,000
（率）	20.0%	21.7%	22.9%
	粗利益率20％以上必須（目標25％）		
一般管理費	25,000	27,000	28,000
（率）	10.4%	11.3%	11.7%
営業利益	23,000	25,000	27,000
（率）	9.6%	10.4%	11.3%
支払利息	3,500	3,000	3,000
経常利益	19,500	22,000	24,000
（率）	8.1%	9.2%	10.0%

営業戦略を見直す

　会社として「必要粗利益額」は何としても成し遂げなければならない目標であり、そのためには価格勝負中心の営業戦略の見直しが必要になる。

　価格勝負中心の営業から脱却することは容易ではない。しかし、現時点で数字が伸びない各社は、本当に最低限必要な営業が皆できているだろうか。

　営業の数字が伸びない会社の営業担当者と話をした場合、ほぼ100％、競合相手の価格が安くて当社では勝てない旨の話をしてくる。「あそこの会社の金額はいつも安すぎるから金額で負けている」と。

　営業相手との信頼関係は簡単に築けるものではない。しかし、最低限必要な押さえどころはあるはずである。それすらも押さえずに、ただ言われるままに見積もりを出して、時機を逸してから確認に行き、「いつの間にか失注していました」「相手は価格が安かった」などは、手抜き営業の言い訳以外の何ものでもない。

ここで、営業で最低限必要な事項を挙げておく。

〈見積もり依頼を受けたとき〉
①その案件の納期・工期はいつか?
②その得意先が受注している工事かどうか?
③予算はもう出ているのか?
④何社くらいに見積もりを出しているのか?
⑤他に見積もりを出している会社はどこか?

〈見積もりをするとき〉
①ただ単純に積算してはいけない(公共・民間を問わず入札物件関連では)
②金額次第で自社に来る可能性がある物件は、原価の底値を出す
③ギリギリの底値の原価をもとに、3段階程の提出価格を設定する

〈見積もりを出すとき〉
①第1段階の金額で様子を見て、近いうちに決めそうな場合は第2・第3段階の見積もりも必要に応じて出す
②他社の提出状況などの様子を聞く
③先方の状況も踏まえ、いつ頃取り決めをする予定なのかを聞く
④どうすれば自社に発注してくれるのかを聞く

　上記はすべての会社やすべての状況、また、すべての相手に通じるものではもちろんない。言い方にしても、そのままのセリフを言えばいいというものではない。

予算なども相手が本当のことを言ってくれるはずはないし、競合相手の金額については実際より安く言ってくるに決まっている。それでも聞くのである。

上記の中で、〈見積もり依頼を受けたとき〉の全部、〈見積もりをするとき〉の②③、〈見積もりを出すとき〉の②③などは言い方もテクニックもなく普通に聞けるはずであり、聞かなければならない。

図表39　「営業戦略」の見直しのポイント

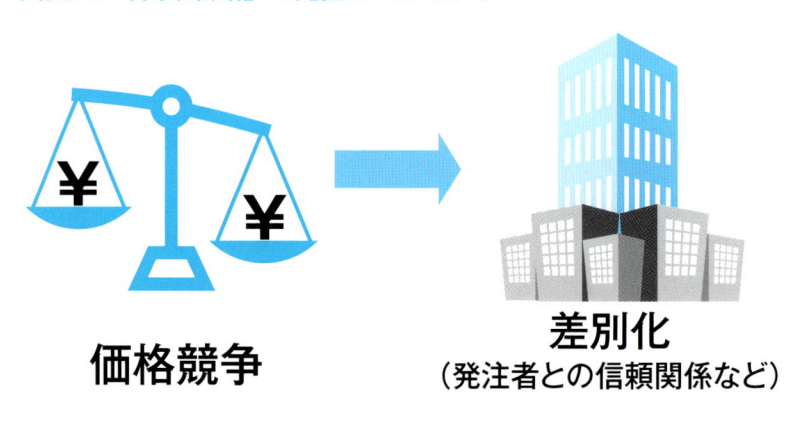

価格競争　→　差別化
（発注者との信頼関係など）

自社が受注する可能性が著しく低い物件、工期がまだまだ先で参考金額程度の物件などに全身全霊をかけた積算や見積もりなどは必要ない。会社としては、期の利益数字を追いかけるにあたり、その現場の竣工が今期か来期か再来期かも分からないと本気で勝負してもいいかどうかも分からない。「営業ならこの程度のことは誰でも分かっているだろう」と経営者や様々な機関の人などは思うだろうが、実際はそれができていないのである。

私は顧問先全ての営業会議に参加しているが、会議当初は上記の基

本的な確認ができていない営業担当者の多さにいつも驚く。

　皆できていないというより、していないのである。よって無駄な見積もりが多く、受注したいと思っても既に他社に取られた後だったりする。

　上記の最低限の確認をさせた上で、月次または週次の営業会議、あるいは毎日の営業ミーティングで、上司が金額を含めた上記のような指示を出していけば、受注確率は飛躍的に上がる。これだけで上がる。
　見積もりに対する受注確率は、各社の業種や見積もりの内容によって様々だろうが、例えば自社の受注確率が従来10％であれば12〜13％にはなる。これは単に2〜3％程度のアップではない。10に対しての2〜3なので実質は20〜30％のアップとなるのである。

　見積もり提出後、先方から指値がきたら一発で決めるべく必ず上記のように準備をしておき、その場で勝負をかける。「持ち帰って検討します」では遅い。そのためには、事前にギリギリ利益が出るであろう本当の原価をきちんと営業部門、工事部門が連携して確認しておかなければならない。いずれにしろスピードと情報、そして最後に事前準備がカギを握るのである。

取引先の見直しも辞さない

　営業戦略の見直しに合わせ、取引先の見直しも行いたい。
　取引先別のこれまでの売上や利益額、利益率をベースにし、それぞれの取引先の信用度や財務状態なども考慮した上で、今後の受注計画を立ててみるのだ。

利益が出ていないのに、長年の流れで付き合っている取引先はないだろうか。利益は少ないが、仕事は途切れることはなく売上もある程度上がっているので付き合いを続けているような取引先だ。その客先の年間の総売上高と総粗利益を出して、ここ数年の推移も併せて見てほしい。思っている以上に利益が出ていないのが分かるはずだ。利益も大して上がらないのに、細かな注文だけは数多く来るものだから、営業だけでなく内勤の社員も含めて対応しなければならない。一体どれだけの労力がその得意先にかかっているかを、冷静に見てほしい。冷静に考えれば、そんな取引先とは付き合えないはずである。

対処法としては、「一斉に値上げをする」。これしかない（図表40）。その取引先に対する販売価格を上げるのである。得意先からはいろいろ言われるだろうが、コストが「実際はこれくらいかかっていた」と言うしかない。そうすると「売上が落ちる」とまた言われそうだが、薄利で社員の労力が必要以上にかかっている得意先である。薄利は取れていても、営業利益ベースでは赤字だろう。売上など下がってもいいから、切られるのを覚悟で値上げするしかない。

しかし、これも経験談なのだが、こういった得意先に値上げしても、思ったほど途切れないものである。多少値上げされても、その得意先もいつもの流れで注文したほうが楽だから注文してくる。ただ、やはり注文数は落ちてくるだろう。しかし、単価が上がり、利益も上がってくるので、売上が落ちている割には利益は取れているという結果になることが多い。

ただ、もし本当に発注がなくなったらなくなったで、他の利益が高い得意先に力を投入してシェアを上げるなどの対策を取ればよい。こ

図表40　利益が出ていない取引先の見直し方

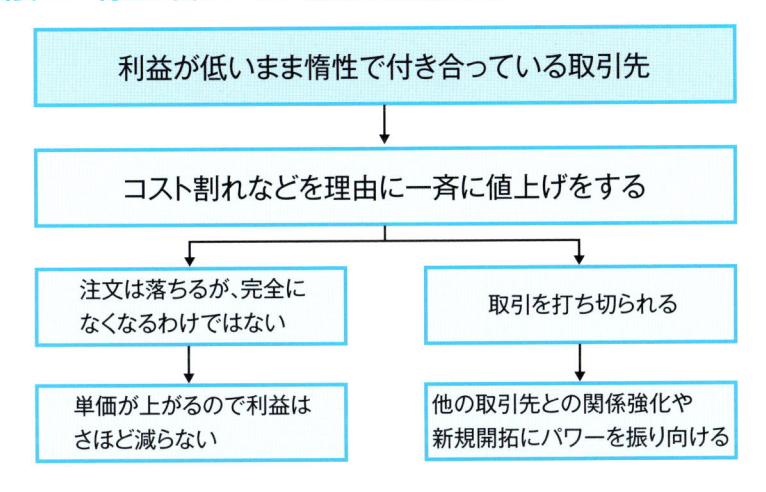

```
┌─────────────────────────────────────┐
│ 利益が低いまま惰性で付き合っている取引先 │
└─────────────────────────────────────┘
                  ↓
┌─────────────────────────────────────┐
│ コスト割れなどを理由に一斉に値上げをする │
└─────────────────────────────────────┘
         ↓                    ↓
┌──────────────────┐   ┌──────────────────┐
│ 注文は落ちるが、完全に│   │ 取引を打ち切られる │
│ なくなるわけではない │   │                  │
└──────────────────┘   └──────────────────┘
         ↓                    ↓
┌──────────────────┐   ┌──────────────────────┐
│ 単価が上がるので利益は│   │ 他の取引先との関係強化や│
│ さほど減らない    │   │ 新規開拓にパワーを振り向ける│
└──────────────────┘   └──────────────────────┘
```

れも重要な「経営判断」の一つである。

　特に、「とにかく安く」ということばかりを要望してくる得意先とは、関係を見直さなければならない。いつも価格のことしか言わない得意先、何度も指し値をしてきたり、他社と延々と競わせる得意先は、いずれ他の会社からも相手にされないようになる。
　私も営業時代にそういった得意先があったが、もう先方の態度に限界を感じ、営業に行くのをやめた。2年後にその会社は倒産していた。
　いくらコストを落とすことが大事だといっても、限度があるのである。外注先を天秤にかけ続け、価格交渉しかしない会社は、きっと長続きしない。むしろ、下手をして最後まで付き合うと不良債権をつかまされることにもなりかねない。

取引先の経営者の人柄も判断のポイントとなる。いつも横柄な態度で、自社の営業担当者にプレッシャーをかけてくるような会社は、無理に付き合う必要はない。現場に出ていない上司であっても、相手の経営者がどんな人物かは、営業担当者から具体的なやり取りを聞けばだいたい判断できる。

　このように、「必要粗利益額」と「利益率」を重視すると、上位の取引先の顔ぶれが入れ替わることは少なくない。

重点営業先は新規ではなく既存顧客

　数字が足りない。では皆で新規開拓をしよう。どの業界でもよく聞くセリフである。私も新規開拓や飛び込み営業を数多く経験してきたが、正直、新規開拓は大変である。かなり大変である。
　結論を言うが、新規開拓にパワーをかけるより、既存顧客からの受注を増やすほうがよほど、効率的で簡単だ。精神的ダメージも少ない。
　とにかくまず、既存顧客における自社シェアが現在どれくらいなのかを調べてみてほしい。自社のシェアがすべての既存顧客で100％なら新規開拓も必要だろう。しかし一般的には、シェアが10〜30％、低い先では５％程度というところも数多くあるはずだ。そういった会社を攻めるのも容易ではないかもしれないが、新規開拓よりずっと楽である。いずれにしても、営業していてちょっと難しいと感じればすぐ知らない他の会社へ、というのはやめたほうがいい。

　そして、既存顧客へのアプローチで重要なのは、基本の徹底とスピードアップである。

基本の徹底とは、時間厳守、約束を守る、求められるものに必ず答える、資料等は分かりやすく作成、丁寧かつきめ細かな連絡と説明など、当たり前のことばかりだ。それができていない人がどれだけ多いことか。

　スピードとは、対応の時間を短くするということにほかならない。１週間でやっていたことは１日で、１カ月かかっていたことは１週間でやる。相手はきっと驚くだろう。いずれも大きな顧客満足につながり、数字となって返ってくるはずだ。また、結果的に自身の業務の効率化にもつながることが多い。

　新規顧客の開拓については、既存顧客や関係者からの紹介があった場合に広げるくらいでちょうどよい。それでも意識の持ち方によっては、新規顧客は意外に増えてくるものだ。

与信管理は感覚に頼らない

　なお、得意先の与信管理、売掛金管理も経営計画の大切なポイントである。「あの会社の社長はいい人だから」「昔から付き合っているから」などといって安心していてはいけない。勝負をかける勇気とともに、時には引く勇気を持ちたい。いくら売上が立っても、それが不良債権になってはまったく意味がない。

　与信管理にあたっては、調査機関の情報を買うというのがてっとり早い方法だ。しかし、調査会社の情報に多額の費用をかけて鵜呑みにしても、焦点がずれていて不良債権をつかんでしまうという会社も多い。

やり方によっては、費用をかけずに自分たちの情報網や足を使って与信情報を確認することもできる。例えば、都道府県庁の土木管理課などに備え付けられている建設業関連の許可申請書には、各社の財務情報が記載されている。誰でも閲覧でき、コピーは不許可の場合も多いがメモは可能だ。

　その決算書の中で特に確認しなければならないのは、BS（貸借対照表）だ。PL（損益計算書）は売上高の変動と収益の情報が載っているのでもちろん参考にはなるが、粉飾されているケースもあるので、それ程参考にならない。

　具体的に必要な情報は、BSにある「金融機関からの借入金額」と「自己資本比率」の２点だ。この２点だけは間違いなく押さえておいてほしい。損益が赤字かどうかよりもはるかに重要な情報である。

　そして、もし次のような状態であれば、危険シグナルだ（図表41）。

①年間売上高に対する借入金（長期短期合計）の比率が50％超え
②債務超過（貸借対照表の純資産がマイナス）
③売上が直近２年で大きく減少（半減ならかなり深刻）

　極端に言えば、実際にこの３点の確認だけで、与信管理はほぼ可能だと思う。

収益構造を再検討してみる

　営業戦略に関連して、ビジネスモデルを検討してみることも必要だ。
　例えば、売上高を追求していると、規模の大きな工事の受注に向かいがちだ。しかし、自社の体力と比較して規模が大きすぎると、人員

図表41　与信管理における危険シグナル

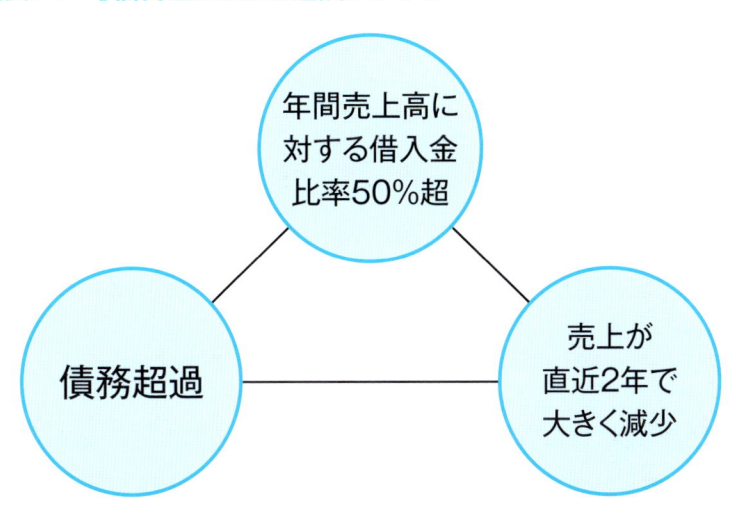

- 年間売上高に対する借入金比率50％超
- 債務超過
- 売上が直近2年で大きく減少

や資金をその現場に振り向けざるを得ず、他の現場が手薄になりがちだ。工事担当者へのプレッシャーも強く、ミスにつながりかねない。大きな工事を狙うのではなく、自社の強みを探し、それを活かすことを考えるべきだ。

　また、公共工事では各社、入札で元請け工事を狙いがちだが、元請け工事だけが儲かるというのは思い込みにすぎない。下請け工事にむしろ焦点を合わせてみると意外に活路が開けたりする。ただし、下請けとして入る場合は、優良な元請けを選ぶことが重要である。

〈STEP 5〉「全社員との面談」を実施する

一番の目的は会社の現状把握

　目指すべき「必要粗利益額」「利益率」、そして向こう３カ年の「経営計画」と「営業戦略」がまとまったら、「全社員との面談」を実施する。

　この社員面談の一番の目的は、会社の真の現状を把握することだ。会社における問題は、経営者が思っている部分とは違うケースが圧倒的に多い。

　面談では、社員が話しやすい雰囲気をつくり、基本的に面談者側は口をはさまず耳を傾ける。多くの経営者はたまに社員と話をしても、持論を強く展開し、相手を論破してしまう。そうすると社員は心を閉ざし、その後、経営者に提案することや、相談することを諦めてしまう。

　社員面談は、できるだけ社員の本音を語らせる意識で臨み、話を素直に聞く姿勢を貫くようにしたい。

図表42　全社員との面談の目的

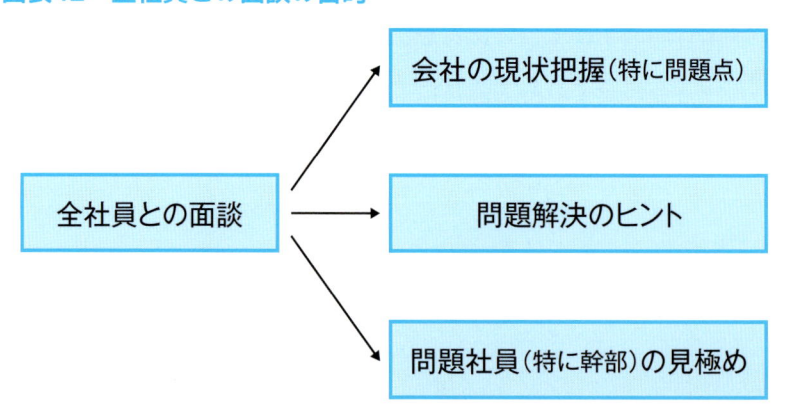

全社員との面談 →
- 会社の現状把握（特に問題点）
- 問題解決のヒント
- 問題社員（特に幹部）の見極め

社員面談での意見を総合していくと、現在の問題点だけでなく、今後どのようにその問題に対処していけばいいかの答えが70〜80％は出てくる。

　特に注意して聞かなければならないのが、他の社員について（主に管理職以上）の評価だ。

　私の経験では、経営者が信頼している幹部社員に対する評価が、経営者が思ってもいなかった程に低いことが多い。社員からの信頼がまったくない管理職については、その後の配置転換や場合によっては退職勧告が不可欠である。

女性社員やパート社員の意見が重要

　組織改革のカギを握る抜擢人事に関しても、この面談によって気付かされることが多い。先程とは逆に、他の社員からの信頼が厚い社員が必ずいる。加えて、思ってもいなかった社員がしっかりとした考え方や意見を持っていたりすることがある。そういった人材を要職に据えるだけで組織がスムーズに回りだすことが非常に多い。

　この点については、女性社員やパート社員の意見を軽んじてはいけない。女性社員を含むいわゆる間接部門の社員は普段、誰がどのようなことをしていて、皆からどう思われているかなど、すべて見ている。

　極端な言い方をすれば、会社の抜擢人事や降格人事は彼女たちの意見を参考にしていいくらいだ。

問題点を抽出し、対応策を立てる

　通常、私が社員面談を行う場合には、30分程度を目安に行う。ま

ず私自身の自己紹介と、なぜ私がこの会社に来たのかを簡潔に説明した後、「とにかく少しでもこの会社を良くするためにお話を伺いたい」と始める。面談は30分では収まらないケースが多く、時間になった時点で切り上げさせていただき、改めて後日に話を伺うことも非常に多い。

社員の話は、「ボーナスが出ない（少ない）」「社長が何をしているのか分からない」「話を聞いてくれない」「何も変わらない」というものがとにかく多いが、それらの詳細をよく聞いてみると、どの会社も社員は会社の問題点を非常によく分かっていると感じる。

そして、面談を重ねることによって、予め「決算資料」や「現場別の採算資料」などを見て目星をつけた問題点はほぼ確信に変わる。

重ねて言うが、社員の意見には黙って耳を傾けてほしい。場合によっては、経営者からすれば少し嫌かもしれないが、会社に対する意見の無記名アンケートを行うのも手である。

ここで集まった社員の意見をもとに、改めて問題点を抽出したら、それらの問題点の大項目ごとに３〜５つに整理し、それぞれの対応策をまとめる。

ここまでできたら、経営改善の準備はほぼ完了である。

図表43　社員面談の寸評シート（サンプル）

（総合評価）　　（A・良い　B・普通　C・悪い　）　　（○・ある　△・微妙　×・ない）

NO	役職	名前	態度	能力	愛社精神	協力度	キーマン	総合評価	寸評
1	課長		○	△	○	○	○	A	会社に対して問題意識有り。現場のキーマン。
2	主任		△	△	△	△	△	B	
3	課長		○	△	△	○	○	A	
4	社員		△	△	△	△	×	B−	
5	室長		○	△	○	○	○	A	現場のトップ。会社に対して問題意識有。
6	契約社員		△	△	△	△	×	B−	
7			△	△	△	△	×	C	会社への関心薄い。
8			△	△	△	△	×	C	
9			△	△	△	△	×	B	
10	契約社員		△	△	△	△	×	B	
11	契約社員		○	△	○	○	△	B+	会社の本質を鋭く指摘。
12	契約社員		△	△	△	△	×	B−	
13			×	△	×	×	×	C−	会社の現状には問題はないと感じている。
14			○	△	△	○	△	B+	問題意識は高い。会社の問題点について冷静に分析。
15	次長		△	△	△	△	△	B	経営には関与したくないのが本音の様子。
16			△	△	△	△	△	C+	つかみどころのない感じ。
17	専務		○	○	○	○	○	A	後継はやはりこの人しかいない。
18	課長		○	○	△	○	○	A	口は悪いが会社の問題点を鋭く指摘。
19			○	△	△	○	△	B+	資格はないが、しっかりとした考えは持っている。

図表44　社員面談意見一覧表（サンプル）

1．会社の現況に関する認識
 ① 社長はあまり現場に来てくれない
 ② 社長はずっとオフィスにいるのではないか
 ③ 会社にビジョン、目指す方向性がない
 ④ 下からすれば、一生懸命やっているのになぜ利益が残らないのかという思いがある
 ⑤ 業績が良くないとはよく聞くが、具体的にどうなのか説明がない
 ⑥ 会社は人を育てようとしていないのではないか？
 ⑦ 経営の方向性が場当たり的
 ⑧ 会社で決めたことが実行されているか分からない
 ⑨ 会社としての行動にスピード感がない
 ⑩ 経営幹部の信用がなく、会社を辞めていった人が多い

2．問題視される事項とその内容
 ① 残業が許可制となっており、若い人が残業しない。年配者が遅くまでやっている
 ② ２年前まで社長と個別面談を行っていたが、聞くだけで何もしてくれなかった
 ③ 会議はたまにやっているが、本来は定期的にしないといけない
 ④ 施工能力と受注の規模が合っていないことがある
 ⑤ 若い人に元気がない。入社したときは目が輝いているが、しばらくすると生気がなくなる
 ⑥ 原価管理の手法が良くないと思う
 ⑦ 外注に出しすぎ。人員の割り振りが非効率的
 ⑧ 決算内容が全く開示されていない。会社の状況を教えてほしい
 ⑨ 原価管理の表は見たことはあるが気にしていない
 ⑩ ホームページが更新されていない
 ⑪ 資格の取得状況を給与に反映させるべき、若い人が資格を取らない

図表45　問題点の整理の例

〈現在の会社の根本的な問題点〉

① 社長のリーダーシップが及んでいなかった。明確な経営方針が欠如していた

- 不振の原因の大部分を外部環境においていた
- 会社としての方向性が示し切れていなかったため、統制感のない組織になっていた

② 的を射ていない目標

- 各拠点の目標は売上高のみ。その売上高を達成しても会社として黒字なのかどうかは誰も分からない
- 売上高さえ確保できれば何とかなるという思い込みがあった

③ 会議が定例化されておらず、数字の進捗管理ができていない

- 全社会議が行われていない。また、各拠点ごとのミーティングも行われていない
- 目標の数字が不明確、よって進捗の数字も分からない。話し合いもなされていない

図表46　問題点への対応策の例

〈会社改善に向けての対応策〉

① 組織の再構築

- 社長を中心とし各部門長が連携できる組織に再構築
- 全社員と会社の方向性、目標を共有し統制を図る

② 目標は粗利益のみ

- 利益が出ないのは、利益を目指していないから
- 売上高の目標は廃止。全部門、粗利益を目標の中心とする

③ 全社会議・地区別会議・各拠点ミーティングの完全実施

- 「目標利益額」の進捗を軸とした、全社会議を行う。部門長は進捗状況を報告する
- 地区別会議、拠点ミーティングも同様。利益進捗の報告を軸とする

〈STEP 6〉「組織改革」の骨子をまとめる

1年程度をめどに作成する

　社員面談により、社員の考えや会社に対する意見が分かり、問題となる社員、期待できる社員が分かった段階で、「組織改革」の骨子を作成する。
　全社の中心に誰を据えるか、営業の責任者・工事の責任者を誰にするか、場合によっては総務経理の責任者を代える必要もある。
　また、組織の変更は一気にできるものでもない。よって、1年程度をめどにした骨子を作成した上で、徐々にその方向に持っていく人事が必要である。

腹を括って判断する

　会社が今までうまくいっていなかったということは、何か問題があるということだ。例えば、売上重視の姿勢であり、その結果の赤字受注もあっただろう。しかし、結局それを行ったのは人である。それは経営者かもしれないし、会社幹部や営業担当者かもしれない。
　経営者の意識改革のみで会社がいい方向に向くケースも多少はあるだろうが、経営改善はそんなに甘くはない。
　残念ながら、会社には必ず問題社員がいる。そしてその社員の何が一番問題かといえば、決して変わらないことである。そういった社員にいかに真剣に話をしても、説得しても変わらない人は決して変わらない。そして、そういった社員が他の社員の前向きな姿勢とやる気を削ぐのである。
　私は顧問先の各社で人事の進言をすることが多い。経営者は私の判

断に驚き、反論してくることもある。しかし、その人事を行った結果、会社が驚くほどうまく回りだしたのを見て、「ここが問題だったんだ」と初めて気付いてくれることが多い。

人事の部分での経営判断は、本当に重要である。経営者は長年連れ添った幹部であれ、過去の功労者であれ、売上の大部分をつくっている人であれ、現場管理がいかに優れている人であれ、腹を括って判断しなければならない。

問題社員はまず配置換えする

社員面談で浮かび上がった問題社員は、まずは部署の配置換えなどを行う。すると、最終的に自分から辞めていくケースも多い。

逆に、年齢は若くてもしっかりした意見を持ち、会社のために貢献しようという意欲のある人材は思い切って抜擢する。

ある顧問先では、30人の営業担当者がいたが、他部門への異動や退職によって2年で営業社員の8割が入れ替わった。その結果、営業部門と工事部門の連携が良くなり、会社の利益も飛躍的に伸びた。

図表47　組織改革のポイント

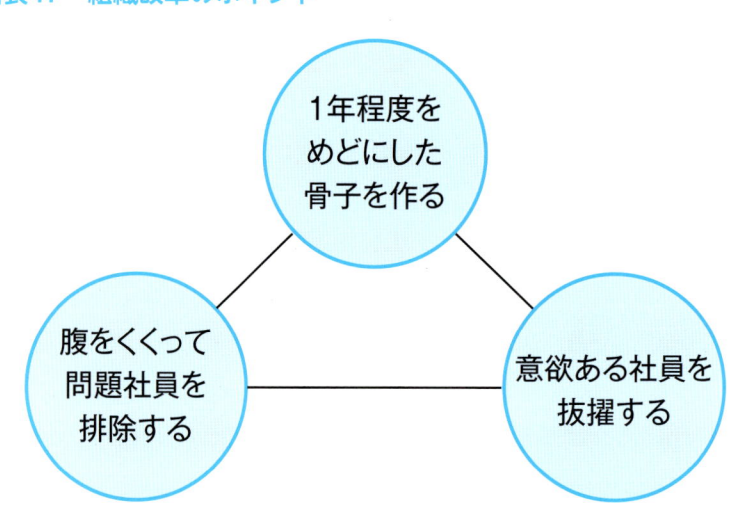

- 1年程度をめどにした骨子を作る
- 腹をくくって問題社員を排除する
- 意欲ある社員を抜擢する

〈STEP 7〉「社員説明会」を実施する

社員に対する説明会を開催

　向こう3カ年の「経営計画」と「組織改革」の骨子がまとまったら、社員にきちんと会社の方向性を説明する機会として「社員説明会」を行う。時間は内容にもよるが、質疑応答時間も含めて2時間程度はかかるだろう。また、できれば全社員を集めて行うのが望ましいが、社員数が多ければ部門別に行ってもいいだろう。

　内容は、経営トップ自身の口から会社の厳しい現状を正直に話すとともに、思い切った経営改善に乗り出す覚悟、そして組織改革などの方向性について説明するのである。

　そこには「粗利益額」や「利益率」の目標数値が入っている必要があるし、新たに導入したり整備する社内の制度や仕組みについても含まれるだろう。それらを「社内における基本ルール」などとして公表する。

　ただし、よく聞かれる社員の不満は、「これをやれ、あれをやれと言われているが、それを達成したら自分たちがどうなるのかが分からない」ということだ。

　普通、人は目標数字だけ与えられてもやる気は起こらない。その数字の根拠は何か、それをクリアしたらどうなるのか、自分たちにどんなメリットがあるのか、具体的に理解してもらうことが必要である。

　当初は「そんなのできっこない」などの反発も出てくるかもしれない。しかし、必ずやるということを強調する。

　経営者のなかには、社員の前で話をするとき、なぜそんなに偉そうな言い方をするのだろうと思う人が少なからずいる。会社の状態が良

くないのは、結局は経営者の責任である。そこは素直に受け止め、社員説明会ではむしろ殊勝な気持ちで接してみてはどうだろうか。

「今までの自分は間違っていた」「改めて、これからみんな付いてきてほしい」と素直な気持ちで言う経営者に対して、罵声を浴びせる人などいないはずだ（いるとすれば、それは問題社員である）。

また、話をするときにはやみくもに会社の状況に対しての不安を煽るのではなく、「よし、会社のために頑張ろう」という気持ちを社員に持ってもらうことが大切である。

経営計画で目標となる、「必要粗利益額」の中には社員の待遇改善の賞与支給の分も含まれている。皆で目標を目指す意味をはっきりと伝えれば、きっとその思いは社員に伝わるはずだ。

図表48　社内における基本ルール（サンプル）

1．全社数字目標を常に認識する
　　①全社年間目標粗利益　　　〈6000万円〉
　　②全社年間経費　　　　　　〈4800万円〉
　　③全社年間目標営業利益　　〈1200万円〉
　　④全社目標利益率　　　　　〈土木工事20％・その他小工事40％〉
　　⑤全社年間売上目安　　　　〈3億円〉……あまり強く意識する必要なし

2．工事を受注する際は、下記を確認の上で受注する
　　①事前に根拠のある積算を必ず行い、受注の可否を決める（常務単独ではなく、話し合う）
　　②目標の利益率20％または45％を確保できているか？または利益額があるか？

3．実行予算書を作成し、その数字を守る意識を持つ
　　①現場着工前に実行予算書を必ず作成する
　　②月2回の役員会議で実行予算書の詳細と根拠を説明し承認を得る
　　③月1回の土木工事会議・リフォーム会議で各現場の現場状況・採算進捗状況を報告する
　　④現場完成後、最終の実行予算書（結果）を土木会議・リフォーム会議で説明する
　　⑤うまくいった場合は成功事例を、うまくいかなかった場合は失敗事例を共有し、次に
　　　つなげる

4．請求書のチェックを月1回指定日に行う
　　①必ず業者からの請求書内容の確認の日を設け、工事担当者は幹部に申告する
　　②請求された分は安易に全額払わないこと。かといって不当なカットもしない。

5．定例ミーティングにて全社状況を認識し、自身の状況も報告する
　　①役員会議　　　　月2回　　社長・専務・常務・営業部長・工事部長・中西
　　②常務MT　　　　 月2回　　常務・中西
　　③土木営業会議　　月1回　　常務・営業部長・工事部長・中西
　　④土木工事会議　　月1回　　常務・工事部長・営業部長・中西
　　⑤リフォーム会議　月1回　　常務・リフォーム部長・中西

〈STEP 8〉「各種定例会議」で数値の進捗管理を徹底する

利益進捗状況の管理

　「社員説明会」を開催し、全社で向かうべき方向性が固まったら、あとは目標に向けて進むだけである。

　しかし、よくあるのは最初は皆そこそこやる気になっていたものの、その目標が徐々に忘れ去られていくケースである。したがって、道を逸れていかないよう、定期的に進捗管理をしなければならない。

　目標としている「必要利益額」に対し、現在いくらまできていて、残りいくらなのか。その金額を認識できて初めて、残りの期間で不足分を達成するための方法を考えることができる。一方、期が終わり、決算を見て初めてその期の結果を知る会社がいかに多いことだろう。

　野球でも9回終了して初めて何点ずつ取ったかをカウントするのでは意味がない。勝っている場合は勝っている場合の、負けている場合は負けている状況下での戦い方がある。決算を締めた結果が出るのをドキドキしながら待っていてはいけない。期中で対策を講じなければならない。そのままの流れで、各期の残りの期間を過ごしてはいけないのである。

　進捗数字の確認に関して押さえておくべきポイントは、「現状での獲得済み利益額はいくらあるのか？」の一点である。

　具体的には、以下の合計利益額を「現在獲得している粗利益額の総合計」とするのが望ましい（図表49）。

図表49　現在獲得している粗利益総額の計算方法

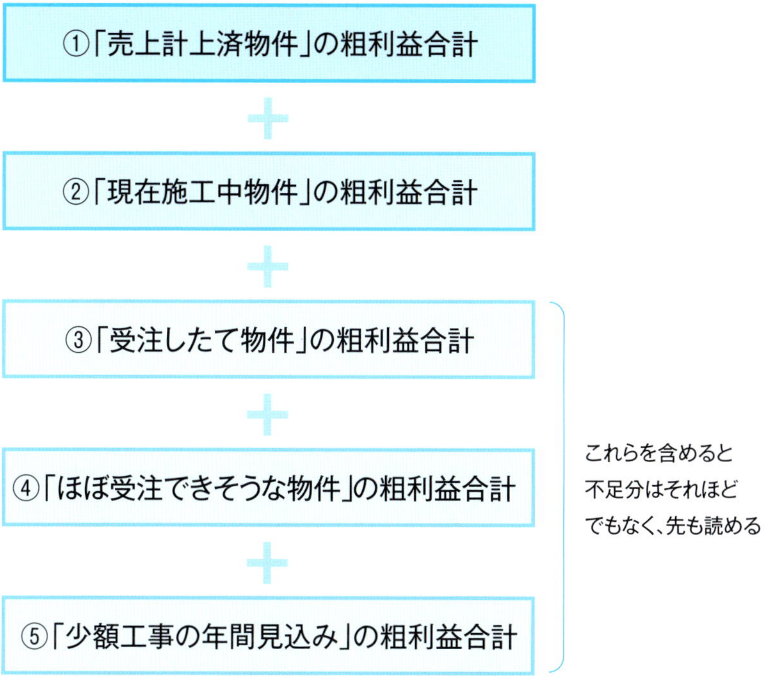

①「売上計上済物件」の粗利益合計
＋
②「現在施工中物件」の粗利益合計
＋
③「受注したて物件」の粗利益合計
＋
④「ほぼ受注できそうな物件」の粗利益合計
＋
⑤「少額工事の年間見込み」の粗利益合計

これらを含めると不足分はそれほどでもなく、先も読める

①施工が既に終了している「売上計上済み物件」の粗利益の合計
②「現在施工中物件」の粗利益の合計
③「受注したての物件」（工事への引き継ぎがまだ）の粗利益の合計
④未受注だが、「ほぼ受注できそうな物件」の粗利益の合計
⑤「少額工事の年間見込み」の粗利益の合計

　一般的には①の数字のみで不足分に圧倒されがちだが、⑤までの数字をカウントすると、不足分は思ったほどでもなかったりする。また、このカウント方式を取る場合のメリットとして一番大きいのが、先が

読めるということである。

　私がサポートしている多くの会社は、期の途中の時期にある程度の年間の着地目安が見える。早い会社では、期が始まって２～３カ月の時点で、その期の数字がほぼ確実にクリアできそうだということが分かる。

　建設業という業種には「工期」がある。それを前述したように完成基準を取れば、完成時期により当期計上の物件か来期計上の物件かが分かるため、随時カウントできる。

　要は受注ベースで当期、次期の数字を見ていくのである。逆に言えば、受注現場の工期は規模にもよるが、通常は最低でも３カ月はかかるため（長ければ半年から１年、２年かかる）、期の折り返し地点（決算の６カ月経過時点）である程度、受注を確保（目標の70％付近）しておかないと、最終地点で数字が届かないとも言える。

図表50　粗利益進捗管理表（サンプル）

（支店A）　　　　　　　　　　　　　　　　　　　　　　　　（百万円）

		売上高	粗利益
①今期完成計上済み分		0	0
②受注残（仕掛現場中の今期完成分）		255,079	60,000
③当月新規受注		0	0
④受注見込みAランク物件（今期完成分）		12,600	4,000
⑤少額工事金額		60,000	20,000
		327,679	84,000
	〈粗利益計画数字〉	1,200,000	200,000
	〈計画数字過不足〉		▲116,000
⑥受注見込みBランク物件（今期完成分）			
⑦受注見込みCランク物件（今期完成分）		162,300	31,800
＊支店A一般管理費			87,000
＊支店A現状見込み営業利益			▲3,000
	〈営業利益計画数字〉		113,000
	〈計画数字過不足〉		▲116,000

自社の受注現場の工期を考慮しながら、経過時期に応じた確保率を目安にしなければならないということになる。

間違った進捗状況の確認の仕方

多くの会社は、数字の進捗を売上高でしか確認していない。そして、それすらも甘い会社が多い。多少確認している会社でも、試算表の数字を見ている程度だ。

それは金融機関の担当者も同様である。私の経験上、90％以上の金融機関の担当者は、各社の状況を確認する際に、「試算表の数字」と「受注済み物件の一覧表の売上高」しか見ていない。

しかし、いつも思うのだが、試算表を見て一体何が分かるのだろうか。試算表の数字がその時点でいくら良くても、その後の受注が確保できていなければお先真っ暗だし、試算表の売上数字がほぼゼロであっても、目標の数字に沿った大きな受注残を抱えていれば問題ないのである。

そのことを何度説明しても、各機関の方からは「試算表がこんな数字で本当に大丈夫なのか？」と本当によく言われる。何回も言うが、試算表がその会社のその時点での「本当に正しい数字」ではない。

私が思うに、試算表で確認しなければならない、あるいは確認できるのは、

①売上計上した工事の利益率が全社目標利益率に沿っているかどうか

②一般管理費と労務費の進捗が年間の計画の進捗に沿っているかどうか

の２点のみであると思う。

極端な言い方をすれば、建設業においては、試算表は会社の状況を把握するにあたってほぼ意味をなさない。それを様々な機関の方々は、懸命に確認し、執拗に提出を求める。

期中に、「試算表の数字が滅茶苦茶悪いが、金融機関に出してもいいだろうか?」と経営者からよく聞かれる。私はいつも「そんなものでは会社の状況などは分からないから、通常管理している自社資料を添付してください。内容は私が説明するので、気にせず出してください」と言う。

しかし、その資料で「粗利益額」をこれだけすでに確保しており、今後の目安もこれくらいあるから大丈夫といくら言っても、「試算表が悪いから」と言って信用してくれないことが多い。

利益額を目指し、それを先行管理してその確保を目指す、という意味が分からないようである。決算が終わるまで信用されず、決算書を出して初めて「本当だったんですね」と言われる。ずっと一緒にいたメインバンクの担当者ですら、「本当は信じられなかった」という始末である。

建設業における「予算先行管理」の考え方をもう少し理解してもらわなければならない。

繰り返しになるが、私がここで言う「予算先行管理」とは、全社の「必要粗利益額」を各支店や部門別に割り振り、その進捗状況を月ごとにチェックし、遅れがあればその時点ですぐに手を打つということだ。「売上最優先」でとにかく売上の確保を目指し、収支の差である「利益額」は工事が終わってからでないと分からないというやり方と正反対の考え方である。

図表51　建設業の経営改善の指標

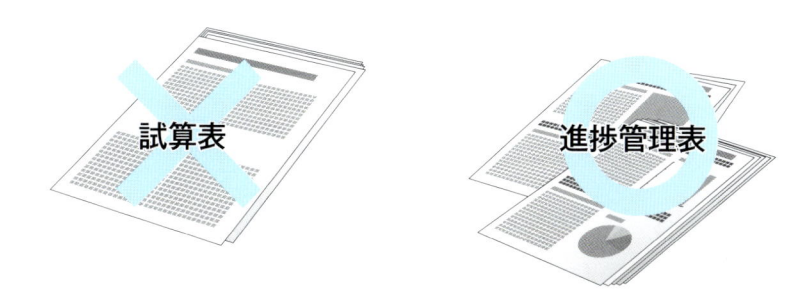

試算表　　　　　進捗管理表

実行予算書による管理を徹底

　目標とする「必要粗利益額」「利益率」、そして３カ年の「経営計画」の実現にあたっては、一つひとつの工事の実行予算書による進捗管理がカギを握る。そして、意味のある「実行予算書」を作成するためには、営業部門と工事部門の連携が必須である。

　また、現場担当者は、実行予算書通りに工事を進め、管理職や経営者にただ承認印をもらえさえすればいいというものではない。本来は、さらなる「利益額のアップ」と「利益率の改善」を図ることも望まれる。

　工事の進捗に合わせて、「目標利益額」と「目標利益率」がその時点でクリアできているか定期的に、最低でも毎月１回チェックしなければならない。

　一定規模以上の現場で、目標利益に達していない場合、そして現場担当者が様々な折衝に時間が取れない場合などは、必要であれば経営者自らが仕入れ交渉を行ってもよいと思う。役割分担などと言っている場合ではない。

それくらい、全社で執着してほしいのである。今そこにある工事での利益確保に全社で全力投球しなければならないのである。

原価管理のカギは仕入が握る

工事の原価管理においては、当然のことであるが、「仕入れ交渉」が重要になる。見積もり依頼に関しては、同業種で2社以上と行うべきだ。それも徹底して行わなければならない。長年取引している仕入れ業者が、実は仕入れ価格の足を引っ張っている場合もあり、必要に応じて馴染みの業者の見直しも必要だ。

仕入れ交渉においては、納品前の交渉が絶対条件である（図表52）。納品中、納品後、ひどい場合は支払いのときに値引き交渉をする会社があるが、相手の立場になってみるべきだ。そんな会社と今後も良い関係を続けるために安くしようと思うだろうか。信頼できる仕入れ業者があってこそ工事もスムーズに進む。発注者の立場を勘違いした横

図表52　仕入れ交渉でのポイント

○ 余裕を持って同業2社以上の相見積もり
× ギリギリになっての特命発注
○ 定期的な馴染み業者の見直し
× 納品時や支払い時になっての価格交渉（値切り）
○ 価格交渉は必ず納品前に
× 発注者の立場を勘違いした横柄な態度や言動

柄な態度や、必要以上に業者を天秤にかけるのも厳禁である。結局、そういう態度はいろいろな意味で自社の首を締める結果になる。

会議は必ず定期的に実施する

　様々な会議日程は、月次であらかじめ決めておかなければならない。「集まれるときに会議をやっている」と、得意気に語られるときがよくあるが、そんな会議で意味のある話し合いができているのを見たことがない。それはただの「状況連絡会」であり、本来の会議ではない。

　都度設定や都合のよいときに、といったやり方は絶対に厳禁にしてほしい。経営者の参加に関しては、営業会議や工事会議は経営者が主導するのではなく、基本的には営業部長や工事部長に任せ、経営者は時々参加する、というスタンスをとったほうがよいだろう。あまり任せきりだと方向性が逸れてしまうことも少なくないからだ。担当者だけでは、利益の進捗管理という狙いから逸れて、細かい話になりがちである。

　会議の時間に関しては、やはり1時間程度をめどにしなければならない。2〜3時間も会議をやる会社があるが、明らかに長すぎる。そのような長時間の会議ほど中身が薄い。そんな会議は誰も出たくないだろう。

　ここで、会議進行に関して押さえどころをいくつか記しておく、
①<u>目的は利益目標に対する進捗の確認</u>。現在の獲得利益がいくらで、あといくらか必要か、残りの数字をいかに獲得する予定かを各自発表し、その方法に対して議論する。

②司会進行者は、参加者全員に都度発言を求める。進行者の一方通行は厳禁。
③数字以外における現状の課題・問題点を出す。
④対応策を決め、対応における責任者およびその対応の期限を決める。
⑤対応策については次回の会議でその結果を発表する。
⑥簡潔でもいいので議事録をとる。
⑦開始時間厳守。終了時間も基本厳守。遅れる場合は事前連絡。
⑧やる気のない態度や周りを不快にさせる態度は厳禁。
⑨携帯電話の着信、携帯メールの閲覧、腕組み、足組みなども厳禁。

　通常、会議では「趣旨と異なる発言や質問に合わない返答をする人」「異常に長く話す人」が続々と出てくる。そこは司会進行がある程度、遮断し、内容を咀嚼して参加者に説明し直すことなども求められる。

　また、上記の⑦⑧⑨はモラル・マナーの問題である。しかし、それすら守れない人が世の中にいかに多いことか。根本的には、その人たちの人生観や生い立ちが関わっているのだろうが、会社の会議での態度に限って言えば、そういった人たちは結局、会社や他の社員、経営者を舐めているのである。そのような社員が全社の目標に向かって、周りと協力していくとはとても考えられない。
　注意してもそのような態度が改まらない社員については、いかに優れた部分があろうとも（基本的にはないはずだが）、会社を辞めてもらったほうがよい。周りの社員も、そういった人に気を使って日々微妙な関係になっているはずだ。

会議では必ず「利益目標を達成するためにどうするか」ということを議論しなければならない。それこそが会社の軸だからだ。
　そして、目標数字を追いかける習慣をつける必要がある。会議も3〜4回やると、「会社説明会」で聞いた内容が参加者に少しずつ分かってきて、腹落ちしてくる。目標と方向性がすり込まれていくのである。

　会議を続けていくにあたり、欠席する人が増えたり、集まりの悪い会議が続くようなら、何のために会議をやるのか、そもそも会議は必要なのか、もう一度みんなに集まってもらって説明会を開くことなども考えるべきだ。
　また、いつ、だれが、どのような報告を上げるのか、普段の報告のルールも決めておく。情報の流れが格段に良くなるはずだ。

第4章　たった1年で利益を10倍にする経営改善の8ステップ

図表53　会議の設定例

＊第1回全社方針説明会
平成28年　　月　　日（　曜日）　13時～16時（本社会議室）
＊第2回全社方針説明会
平成28年　　月　　日（　曜日）　13時～16時（本社会議室）

	月	火	水	木	金	土	日
第1週	1	2 ・部門A営業会議 14:00～15:00	3 ・部門B営業会議 13:00～14:00	4 ・部門C営業会議 13:00～14:00	5	6	7
第2週	8	9	10	11日 ・経営会議 9:00～10:00 （本社）	12	13	14
第3週	15	16	17	18	19	20	21
第4週	22	23 〈本社〉 ・地区全体営業会議 16:00～ ・部門営業会議 17:00～ ・工事会議 18:00～	24	25 〈工場〉 ・部門会議 15:00～ ・推進部営業会議 16:00～ ・推進部工事会議 17:00～	26	27	28
第5週	29	30	31				

年度の残り3カ月付近には、来年度の経営計画を立てる

なお、年度も半ばを過ぎ、残り3カ月を切った段階では、当年度の進捗状況を踏まえて、次年度の経営目標を策定する。

部署別、個人別にまで落とし込めれば落とし込む。待遇改善の目安（ボーナスや昇給など）も盛り込む。これを毎年度、繰り返していく。

図表54　報告ルールの設定例

報告頻度		毎月第2および第4週		
曜日		月曜日	火曜日	水曜日
部門	主体	支店・営業所	部門長	社長
部門A	内容	支店・営業所ごとに前週までの案件を更新し営業推進部に送信	担当部門集計し専務に送信	【内容】 全部門集計し全社に配信 【宛先】 所属長、中西顧問 【書式】 ・売上高限界利益推移表（部門A） ・売上高限界利益推移表（部門B） ・売上高限界利益推移表（部門C） ・受注現場別利益集計表 ・受注現場一覧表（部門A） ・受注現場一覧表（部門B） ・受注現場一覧表（部門C） ・受注予定表（部門B） ・受注予定表（部門C）
部門A	宛先	営業推進部	社長 中西顧問	
部門A	書式	・受注現場一覧表 ・受注予定表	・粗利益推移表（支店別） ・受注現場一覧表（支店別）	
部門B	内容	拠点ごとに受注予定表のみ更新し営業推進部に送信	担当部門集計し社長に送信	
部門B	宛先	営業推進部	社長 中西顧問	
部門B	書式	・受注予定表	・売上高限界利益推移表 ・受注現場一覧表 ・受注予定表	
部門C	内容		担当部門集計し社長に送信	
部門C	宛先		社長 中西顧問	
部門C	書式		・受注現場一覧表 ・受注予定表	
備考		支店・営業所から本部宛てに送信する場合、ファイル名は「【支店】＋ファイル名＋西暦日付（報告日）」 （例） 【東京】受注予定表151124	ファイル名は「ファイル名＋西暦日付（報告日）」	ファイル名は「ファイル名＋西暦日付（報告日）」

第 5 章

永続的に自社を発展させる経営改善の"仕組み"を作る

第5章　永続的に自社を発展させる経営改善の"仕組み"を作る

目標達成のために仕組みを整備する

　前章までで、建設業に必要な経営改善の基本ルールと実際のステップが理解できたと思う。

　ただ、経営改善は日々の積み重ねであるが、きちんとした仕組みがないと、いつのまにか元に戻ってしまったり忘れられたりしがちだ。

　そこで、ほかにも細かな施策が必要となる。永続的に自社を発展させる経営改善の"仕組み"を作るのだ。

　例えばそれは、人事評価や各工事の進捗管理書式であったり、会議を定例化したりすることでもある。

　会社や会社を取り巻く環境はどんどん変化していく。一度作った仕組みも、随時見直していかなければならない。理想は、そうした制度が会社の風土や習慣として定着することである。そこまでいけば、その頃には素晴らしい企業になっているだろう。

営業部門の仕組み

受注金額の決め方

　営業活動においては、売上高ではなく徹底的に「粗利益」を追うことは繰り返し述べてきた。

　受注に向けた見積もり提出にあたっては必ず、正味の積算ベースで目標とする「粗利益」を確認する。そのために、営業部門は工事部門、積算部門と事前に打ち合わせし、特に工事の現場代理人に「この金額で利益を確保できるかどうか」を確認することをルール化する。そういった面からも、営業会議には工事部長にも出席してもらうほうが良い。

　ただし、工事代理人や工事部長の意見をそのままうのみにするということではない。工事代理人や工事部長はどうしても不慮の事態等も考慮し、原価を安全に見てくる傾向がある。どちらが正しいということではない。会社として目指す「粗利益」という目標を共有しつつ、その工事では実質的にベストを尽くした場合にどれくらい原価がかかり（あるいは原価を落とすことができ）、どれくらいの利益を乗せて見積もりを出すか、その場合の落札可能性はどれくらいか、全員で議論することが大切なのである。

　こういう手順を踏めば、赤字受注することはもちろんなくなり、最低限目論んだ利益額を確保できるという根拠を持って見積もりを出すことができる。指し値が入った場合にも、黒字になるラインが分かっているので、無駄な駆け引きや赤字の不安を抱えず、勝負をかけることができるはずだ。

　何より、営業と工事が連携を取って出した結果なので、仮に低利益

で受注せざるを得なくなったとしても、工事担当者は工事期間中に、業者折衝も含めて懸命に利益増加のための動きを行うはずである。そこが何より重要な部分なのである。

営業会議の定例化

　営業部門の仕組みとしてとりわけ重要なのが営業会議の実施である。そんなのどこの会社でもやっていると言われそうだが、本当にそうだろうか。ちなみに私は、今までまともな営業会議（他の会議も）には一度も出合ったことはない。

　通常、営業会議は行われていても、

①会議進行者の一方的な話（皆、覇気もなく白けて黙って聞いているだけ）
②抽象的な話に終始し、問題点は挙がるものの対策や期限、担当者などは決めない
③利益額の話などするわけがない

という会議が99％以上ではないかと思っている。

　ひどい会社は、会議すらしていない。それでどうやって営業の数字を把握し、皆と共有するのだろうか。数字の共有と対策を講じない会社や経営に、未来などあるはずもない。

　営業会議は基本的には毎週1回、最低でも月2回は行ってほしい。ある程度人数がいる場合は毎朝、ミーティングだけでも行いたいくらいだ。

　営業部門は工事部門などと違い、現場に出ていてなかなか集まれないということもないはずである。また、営業会議は会社の根底をなし

ているとも言える。目標数字（粗利益）に対して現状はいくらなのか、不足分はいくらなのか、不足分に対して今のままで大丈夫か、どのような案件で補うか、改めて誰がどこに営業するのか、今ある案件の受注確度をどのように上げるか、上司は誰をフォローするか、など話をする内容はいろいろある。

図表55　営業受注予定シート（サンプル）

（単位：千円）

＊売上で2,000千円（税抜き）以上の物件のみ記入

平成27年度　　　　　　　　　　　　　　　　　　　　　　　　　平成28年8月2日

受注済み

	受注先	工事名	場所	工期	見積金額	粗利益	利益率	最新状況
1								
2								
3								
4								
5								
			(受注済みの合計)		0	0		

①Aランク　＊（確率90%）かなりの確率で受注できると感じられる営業中の物件

	受注予定先	工事名	場所	工期	見積金額	粗利益	利益率	最新状況
1				H27.3～H28.1	12,900	5,900	45.7%	受注先と折衝中
2				H27.3～H28.1	4,518	1,500	33.2%	受注先と折衝中
3				H27.3～H28.1	29,000	8,000	27.6%	受注先と折衝中
4								
5								
			(Aランクの合計)		46,418	15,400	33.2%	

①Bランク　＊（確率70%）そこそこの確率と感じられている営業中の物件

	受注予定先	工事名	場所	工期	見積金額	粗利益	利益率	最新状況
1				H27.3～H28.1				施主発注待ち
2								
3								
4								
5								
			(Bランクの合計)		0	0		

①Cランク　＊（確率70%未満）現時点では受注できるかどうかまったく分からない物件。他に、積算物件やとりあえずでも話をもらった営業中の物件

	受注予定先	工事名	場所	工期	見積金額	粗利益	利益率	最新状況
1				17カ月	175,000	24,151	13.8%	受注予定先と折衝中
2				～H28.3	55,000	8,500	15.5%	図面待ち（造成遅れ）
3				H26.8～H28.2	12,400	2,248	18.1%	受注予定先と折衝中
4				H27.5～H27.8	165,800	32,670	19.7%	受注予定先と折衝中
5				～H27.12.21	400,000	8,000	2.0%	受注予定先と折衝中
			(Cランクの合計)		808,200	75,569	9.4%	

工事部門の仕組み

実行予算書の在り方

　建設会社の売上の大部分は、数万円から数億円まで各現場の一つひとつの積み重ねで構成される。その一件一件について、受注時点での見込み利益を入れて作るのが実行予算書だ。多くの建設会社でも実行予算書そのものはとりあえず作成されていると思う。しかし、第2章でも指摘したように、実際の実行予算書は正しく作られておらず、よって正しく機能していないことが圧倒的に多い。

　そもそも実行予算書とは何か。私が考える実行予算書の定義は、「受注時の見込み利益額を上回るさらなる利益獲得の金額を願望レベルにまで落とし込んで作成するもの」である。

　受注時の見込み利益額をベースにするのは当然のことだ。ポイントは「さらなる利益獲得」というところにある。工事現場においては、当初目標の利益を確保するだけでなく、追加増減工事などによってさらに利益を上乗せすることは十分可能である。

　私の顧問先のある会社では、社員全員に分かりやすいように、また意識を持ち続けやすいように実行予算書の名称を、「願望利益予算書」としている。

　全社の目標利益率を基準としながらも、工事現場においてそれをさらに上回って「これだけ儲けたい！」という利益額を設定し、それを目指して最後までベストを尽くすために実行予算書を作るのだ。

　建設会社における利益の獲得は、この実行予算書をどう作成し、それをどう実行するかにかかっている。利益が厳しい物件は予定利益を何とか死守する。ある程度余力のありそうな物件はそのまま終わらせ

ず、予定以上に利益をどこまでも追求する。その徹底は、正しい実行予算書によってもたらされるのである。

　正しい実行予算書の考え方と進め方を、ぜひ実践していただきたい。

図表56　「願望利益予算書」の作成手順

1. 必ず現場着工前（最初に乗り込む業者への発注前）に作成する。
2. 利益は全社と部門別の利益率の目標を目安に算出する。
3. さらにそこに、現場担当者として追加増減工事などによって獲得したい利益を上乗せして作成する。
4. どんな物件であれ、それぞれの現場で最大限ベストの利益を追求する。

図表57　実行予算書（簡易サンプル）

工事名		
受注先		
契約金額（税抜）	4,000,000	

担当者：
作成日：平成　年　月　日
工期：平成　年　月　日～　月　日

（単位・円）

						入金予定					
						3月入金額	4月入金額	5月入金額	6月入金額	7月入金額	入金合計	残高
入金	現金入金						1,000,000	1,000,000	1,000,000	1,000,000	4,000,000	
	手形入金										0	
	入金合計					0	1,000,000	1,000,000	1,000,000	1,000,000	4,000,000	0

	業種	発注業者	積算時金額	実行予算金額	取決め（最終）金額	3月支払額	4月支払額	5月支払額	6月支払額	7月支払額	支払い合計（最終原価）	残高
材料費	金物工事一式		300,000	300,000	250,000	100,000		150,000			250,000	0
											0	0
											0	0
											0	0
											0	0
外注費			700,000	700,000	700,000			400,000		300,000	700,000	0
			550,000	550,000	540,000			40,000		500,000	540,000	0
			500,000	500,000	550,000		50,000			500,000	550,000	0
			500,000	500,000	500,000					500,000	500,000	0
											0	0
											0	0
											0	0
工事経費			100,000	100,000	100,000	100,000					100,000	0
											0	0
											0	0
											0	0
労務費	管理者・作業者共に（15,000千円・月）	30人	450,000	420,000	405,000	30,000	120,000	150,000	90,000	15,000	405,000	0
											0	0
											0	0
											0	0
原価合計			3,100,000	3,070,000	3,045,000	130,000	270,000	740,000	90,000	1,815,000	3,045,000	0
粗利益			900,000	930,000	955,000	3月支払合計	4月支払合計	5月支払合計	6月支払合計	7月支払合計	955,000	残高
粗利益率			22.50%	23.25%	23.88%						23.88% 最終利益	

原価管理の本質

　工事現場には、一般的には「工程管理」「安全管理」「品質管理」「原価管理」という４つの管理項目がある。

　工程は発注者との契約があり、遅れるとペナルティの対象になる。安全は法律などで厳しい制約がある。品質も後々クレームの原因になるので、神経を使う。この３つは、多かれ少なかれどの会社でも比較的きちんとやっている。

　問題は４番目の原価管理である。多くの工事担当者（現場監督）は、上記３つの管理に神経を使ってしまい、原価管理が後回しになりがちだ。工程が遅れ気味であれば、とりあえず仕入れ先に注文して必要な資材を納入させたり、下請けの都合を確認して人工(にんく)を確保したりする。しかし、それでは実行予算書で目指す願望利益の実現どころか、最低確保すべき粗利益さえおぼつかなくなることが多い。

　では、どうすればいいのか。まず、工事担当者（現場監督）の意識が問題になる。調達部門の担当者がいれば相見積もりなども普通に行われると思うが、現場監督は工程や安全、品質の管理で手一杯になっている。そこで、実行予算書の作成にあたって、先程触れた「願望利益予算書」として利益の達成を強く意識するようルール化しておく必要がある。

　先日、ある会社の社員全員を集めて言ったことなのだが、そもそも「何のためにやっているのか」ということを今一度、皆で考えなければならない。我々は工程・安全・品質のために仕事をしているのではない、原価を抑え、会社に利益をもたらし、それによって給与を得る

ために仕事をしているのだ。工程・安全・品質は当然現場を進めるにあたっては大事に決まっている。でも何のためにやっているかといえば、やはり利益のためだ。利益はあとから付いてくるのではない。強く求めるものなのである。

そして、ここで重要なのが経営者の態度だ。工事担当者に対し、言われたことをやっていればいいといった態度を取る経営者がいる。そうではなく、工事担当者こそ会社にとって利益を確保するキーマンだと認識し、日頃からのコミュニケーションも変えるべきだ。

工事現場は利益を最終的に生み出す「場」だ。それを工事担当者（現場監督）が納得して管理することで、利益改善や経営改善が大きく進む。

資材や下請け工事の価格交渉

なお、資材や下請け工事の価格交渉においては、複数の業者から相見積もりを取るほか、具体的な金額を必ず提示することが大事だ。抽象的な言い方で、「もう少し安くしてほしい」では交渉にならない。これは絶対にやめてほしい。

指し値をする場合は、最初は実行予算書の金額よりも安い金額で打診する。ただし、あまりに叩きすぎるのも考えものだ。相手がやる気をなくし「どうぞ他に発注してください」と言われたのでは逆効果だ。「そう言うなら、もう少し頑張ってみよう」と思わせる言い方が必要であり、そこのベースにもやはり信頼関係がなければならない。

下請け工事など業者との取り決めについては、どんな小さな工事でも必ず注文書を交わしてほしい。口約束だけではあとで揉めることになり、その後の金額の交渉も難しくなる。その点、ハウスメーカーなどは追加工事が発生すれば、数千円の手すりひとつであろうと必ず注

文書を起こし、施主のサインを求める。そういった姿勢は、中小の建設会社も真似るべきだ。

毎月基準日（締め日）を決めて、その月に発生した工事支出（原価）と売上・利益を突き合わせる。全社の工事担当者（現場監督）が集まって、毎月1回は工事会議を開き、目標利益に対する進捗状況も必ず確認してほしい。

図表58　仕掛り現場一覧表（サンプル）

	受注月	完成予定	工事名	工事No.	発注者	元請け下請け	請負金額税抜き	実行予算	予定利益	利益率	最終売上高（未完成現場は見込み）	最終利益（未完成現場は見込み）	前月よりの回復	最終利益率	担当者
完成計上済み		4月～3月													
完成予定現場	H23.6	H27.03				元請け	296,165,000	263,836,795	32,328,205	10.92%	296,385,000	30,058,339	2,000,000	10.14%	
	H25.4	H27.03				下請け	165,200,000	144,952,000	20,248,000	12.26%	165,200,000	25,499,353	0	15.44%	
	H25.9	H26.12				元請け	243,000,000	230,850,000	12,150,000	5.00%	243,130,900	13,150,000		5.41%	
	H26.6	H26.12.12				下請け	25,000,000	21,045,800	3,954,200	15.82%	27,075,000	6,100,000	200,000	22.53%	
	H26.7	H26.09.01				下請け	88,500,000	70,340,000	18,160,000	20.52%	88,500,000	15,000,000	0	16.95%	
	H26.3	H26.11.01				下請け	95,000,000	81,700,000	13,300,000	14.00%	120,200,000	7,000,000		5.82%	
	H26.7	H27.3				元請け	18,001,000	12,000,000	6,001,000	33.34%	18,001,000	7,000,000		38.89%	
	H26.7	H27.3				元請け	69,400,000	62,000,000	7,400,000	10.66%	77,060,000	8,406,000		10.91%	
	H26.9	H26.12				下請け	50,000,000	41,000,000	9,000,000	18.00%	51,740,000	12,000,000		23.19%	

人事の仕組み

組織図の在り方

　建設業に限らず、経営不振の会社では、人材を生かし切れていないことが多い。長年の人間関係やしがらみ、また経営不振により、経営者の人を見る目が曇るためだと思われる。結果的に社員を配置するポジションが不適切だったり、社長にゴマをするだけの人間が重用されたりしている。

　そもそも組織図がない会社が多い。組織図がなければ、社内での指示系統や責任分担があいまいになる。そこにコミュニケーション不足が重なると、会社は機能不全にすぐ陥る。

　まず、指示系統や責任分担をはっきりさせ、組織図を作るところから始めるべきだ。そして、適材適所を目指す。問題のある人材は配置換えし、若くても優秀な人材は管理職に抜擢する。ただ、同じメンバーをどれだけぐるぐる配置換えしても結果はそう大差ない。

　そこで、愛社精神が感じられない社員、知恵を出す気のない社員、いい年なのに何年も成長が感じられない社員、経営改善に本気でない社員は、できれば辞めてもらったほうがよい。

図表59　組織図の例

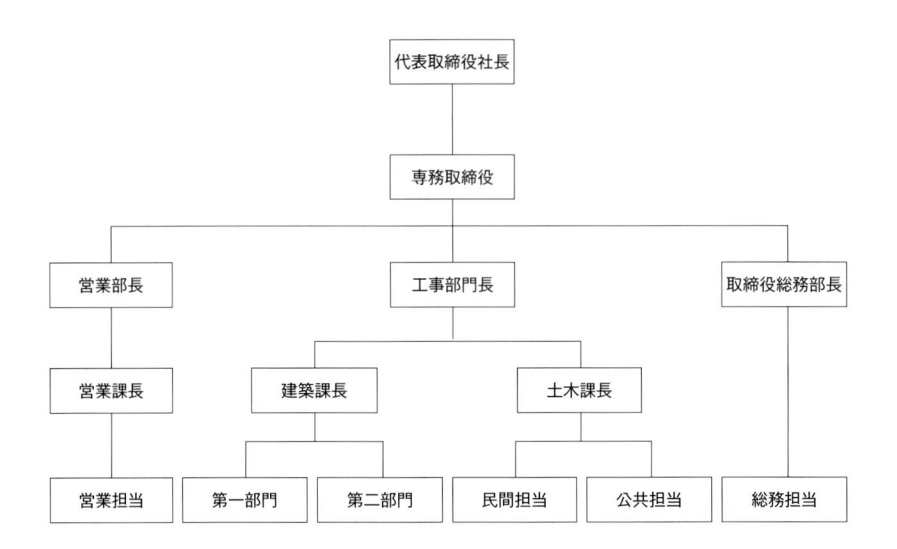

```
                    代表取締役社長
                         │
                      専務取締役
         ┌───────────────┼───────────────┐
      営業部長          工事部門長      取締役総務部長
         │         ┌──────┴──────┐            │
      営業課長    建築課長      土木課長        │
         │      ┌───┴───┐    ┌───┴───┐        │
     営業担当 第一部門 第二部門 民間担当 公共担当 総務担当
```

正しい人材採用の仕方

　中小企業の場合、人材採用（特に中途採用）にあたっては、やはり人柄が重要になる。そこそこのキャリアや、口のうまさなどには決して惑わされてはいけない。いい人が採用できるか、変な人を採用し会社をさらに乱すかは、面接と採用判断にかかっている。経営者がとりあえず面接して「社長についていきます」などとおだてられて採用したり、総務・経理担当者が面接して「こんなに経験があります」といった言葉を鵜呑みにして採用しているケースは危険だ。私もそんな会社を今まで数多く見てきた。

いったん採用し、試用期間も過ぎてしまうと、その後、人物的に問題があると分かっても辞めさせることは容易ではない。慎重に面接は行うべきだ。

　そういったなかで私がいつも勧めているのは、実際に配置する部署の所属長がまず面接することだ。例えば、工事担当者を採用するなら工事部長が最初に面接する。そして、「自分たちの仲間としてやっていけるかどうか？」という視点で判断する。いくら知識や経験が豊富でも、人柄などに違和感を感じるようならやめたほうがよい。

　工事部長であっても採用面接を何度もやっているうちに人を見る目、人を見る能力が磨かれてくる。また、自分が採用に関わると、配属後も簡単に諦めたり、採用した人のせいにせず、何とか育てようとするものだ。

　経営者による面接は最後でよい。よほど問題がなければ、所属長の判断を優先し、３カ月から半年の試用期間で判断すればいい。

人事考課は絶対にすべし

　社員の人事考課は、昇進や異動、ボーナスの査定などを公平に行うため絶対に必要だ。この場合の「公平」とは、社員から見て事前に基準が明示されており、しかも具体的な評価内容も知らされているということである（図表60）。

　人事考課の内容は、人物評価（定性）と業績評価（定量）の２つだ。そしてその評価基準は可能な限りシンプルなほうがよい。会社として何をしてほしいのか、どんな社員になってほしいのかをベースに、それぞれ５項目ぐらいで十分だ。

図表60　人事考課のポイント

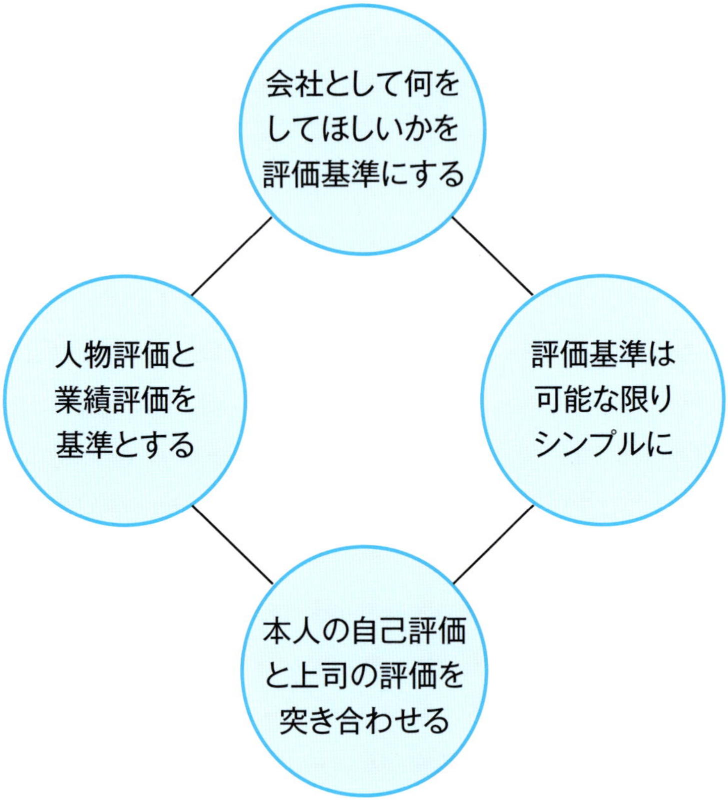

- 会社として何をしてほしいかを評価基準にする
- 評価基準は可能な限りシンプルに
- 本人の自己評価と上司の評価を突き合わせる
- 人物評価と業績評価を基準とする

例えば、人物評価であれば「マナーとモラルがあるか」「協調性、思いやりがあるか」「所属部署のために貢献しているか」といった項目が考えられる。

　評価にあたって大事なことは、本人に必ず自己採点してもらうことだ。その結果を上長との半期に１回の面談時に、上長の評価と突き合わせる。面談で話のきっかけにもなるだろう。

　こうすると、勘違い社員がはっきり分かる。そもそも、自己評価で平気で最高点（5）を付ける社員はちょっとおかしい。逆に、上長の評価が高い社員ほど自己評価は控えめだったり低かったりする傾向がある。

　面談の結果はボーナスや昇進に反映されるので、上長も自己評価に流されることなくしっかり評価しないと、優秀な社員の反発を生みかねない。普段からお互い緊張感を持ってコミュニケーションを図るきっかけにもなるだろう。

図表61　人事考課基準の例

当社の賞与支給に関しては、半期ごとの下記におけるの各人の状況・功績を加味した上で、金額査定をさせていただきます。

7月賞与（1月～6月期間を対象）・12月賞与（7月～12月期間を対象）

3	・・・	模範的にできている
2	・・・	概ねできている
1	・・・	ややできている
0	・・・	できていない
−1	・・・	行う気もない

<u>全7項目・21点満点</u>
5と6はいずれかを選択

1　社会人・社員としてのモラル
挨拶・時間・約束等、社会人として当然あるべき態度・発言・行動を行う。

2　社内における協調性
社内においては、他の社員との調和を重視し、自我の強い行動・発言をしない。
会社という単位で目標を目指す以上、他者と協力し合う姿勢を持つ。

3　資格取得の有無
当社の業務を行うにあたり、必要不可欠な資格を取得している。

4　技術力
当社の業務を行うにあたり、実務において必要な技術を有している。

5　管理職としての貢献度（課長以上）
課長以上の管理職については、所属課員の取りまとめ、教育を行っている。
他の管理職、役員とも協調を図り、その意を汲んだ発言・行動を行っている。
また、部下・管理職・役員それぞれからの信頼もある。

6　課員としての貢献度（課長未満の社員）
管理職ではない社員については、上長の意を汲み、業務遂行を支えている。
他の社員とも協調を図った業務を遂行している。上長からの信頼もある。

7　話し合いへの姿勢
社内における会議やミーティング等において、積極的に加わり、一つひとつの事柄・問題点等に対して、少しでも改善していこうという姿勢を持つ。

8　目標に向かう姿勢
会社における品質および目標数字を理解し、それらを目指す姿勢がある。

財務の仕組み

資金繰り表の作り方

経営改善では、財務の仕組みを整えることも重要だ。

まず、「資金繰り表」を正しく作らなければならない（図表62）。

受注した工事では通常、資材調達や下請けへの発注などで支払いが先になりがちである。そこで、いつ、いくらの支出があり、それに対応した入金はいつになるかを現場ごとに確認する。

資金繰り表の作成にあたっては、支出の確認が特に重要なので、売上計上とは異なり、「完成基準」だけではなく「受注基準」も交えて作る必要がある。見込み案件でも、Aランク工事（受注確率90％以上）などで受注確率が高いものは入れておけばよい。

図表62　「資金繰り表」のポイント

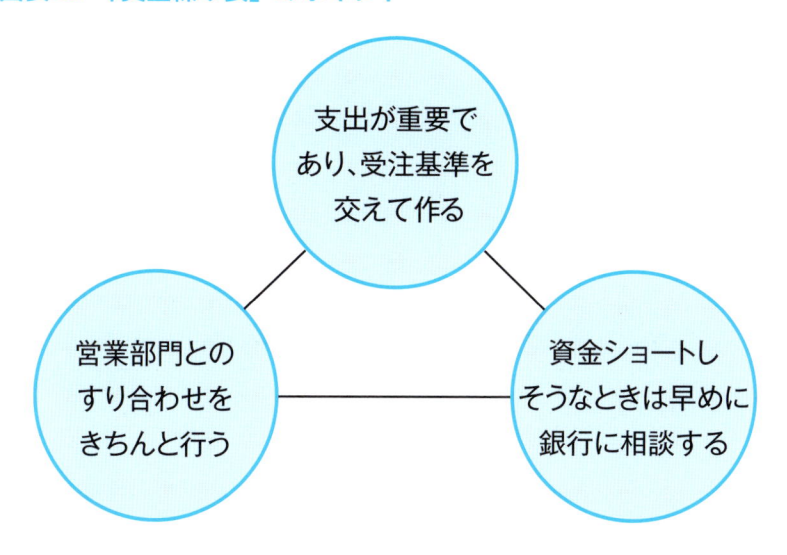

- 支出が重要であり、受注基準を交えて作る
- 営業部門とのすり合わせをきちんと行う
- 資金ショートしそうなときは早めに銀行に相談する

資金繰り表は経理部門が作成するが、営業部門とのすり合わせが欠かせない。通常は経理担当者が営業部長などに簡単にヒアリングしているだけで、十分な連携が取れていないケースが多い。営業と確認がとれていないため、大きな入金や支出を押さえられず、気が付くと月末に資金がショートしかねない状態もあり得る。

また、資金繰り表で資金がショートしそうなことが分かったら、早めに銀行に相談しなければならない。借入金が多い場合でも、きちんと経営計画書を出し、状況報告を行い、会社としての姿勢が見えれば、「工事見合いの短期融資」であれば借りられることもある。

ただし、融資審査には最低でも2週間はかかるので、時間的な余裕を見ておかないと危険だ。

金融機関の選び方、付き合い方

会社経営においては、金融機関との関わり方、付き合い方が非常に大事である。特に資金繰りについては、金融機関の意向や方針に左右されることが少なくない。しかも、最近は金融機関ごとに融資の方針が大きく異なってきている。

原則は、自社にとって最も良い金融機関と付き合うということだ。では、どういった金融機関と取引すればいいのか。一般的にはメガバンク、地方銀行、信用金庫、そして政府系金融機関と広く付き合い、借り入れも分散するのが望ましいといわれるが、本当にそうだろうか。

私の考えは違う（図表63）。自社の企業規模と現在の経営状況によって、最も良い金融機関は変わってくる。例えば、目安として売上高が100億円以下の地方の会社はメガバンクからわざわざ借りる必要はない。地元の複数の地方銀行と信用金庫の中から、自社との関わり合い

図表63　金融機関の選び方、付き合い方のポイント

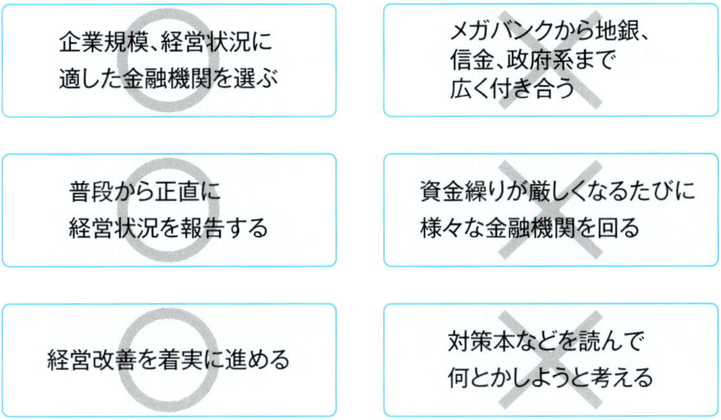

- ○ 企業規模、経営状況に適した金融機関を選ぶ
- ○ 普段から正直に経営状況を報告する
- ○ 経営改善を着実に進める
- × メガバンクから地銀、信金、政府系まで広く付き合う
- × 資金繰りが厳しくなるたびに様々な金融機関を回る
- × 対策本などを読んで何とかしようと考える

も含めてそれぞれ1行を選び、借り入れすれば十分だと思う。

　私の顧問先にも、売上高が100億円に遠く届かないにもかかわらず、メガバンク2行、地方銀行2行、信用金庫2行、政府系金融機関2行など、数多くの金融機関から借入を行っている企業がある。返済が大変なのは当然として、各行との借入金の更新の手続きや書類の提出、そして業績の報告などかなり大変である。なぜこんなに多くの金融機関と取引をしているのか、首を傾げたくなる。

　資金繰りが厳しくなるたびに様々な金融機関を回り、借り続けた結果であろうが、その場合は借入金利もかなり高い。特に直近で借り入れした分などは、金額はそんなに多くないのに金利は恐ろしく高くなっている。

　どの金融機関から借りるのがよいか、どのように交渉すればよいか、というような書籍も多く出版されている。しかし、借金の算段をあれこれするより、結局は自社の経営改善を真剣に行ったほうが間違いな

く早い。

　そもそも、金融機関に対して粉飾や虚偽の報告は厳禁である。業績が悪く借入金の返済を強く求められるのを恐れるあまり、赤字を黒字に変え、負の遺産を繰り越しし続ける企業は数多くある。そんなことをしても、さらに自社を悪い状況に追い込むだけである。

　「急がば回れ」の気持ちで、本書で紹介する手順に沿って経営改善を進めるほうがよほど早く結果が出る。それを避けて安易な粉飾に手を染めては絶対にいけない。金融機関への対策本などを読んで、ノウハウでうまく乗り切ろうという考えがまず間違っている。金融機関への対策を上手に行うことが、経営改善につながることなどは決してない。

　まず、前述した目標とする「必要粗利益額」を設定し、それを実現するための様々な取り組みを3カ年程度の「経営改善書」として作成する。

　金融機関に対しては、「今は正直こういう状況だが、今後このような対策を徹底的に進めていく。数字としてはこれを目指す。今後は状況報告を毎月必ず行う。だから、この期間は猶予をいただきたい」と、真剣に頼むしかない。

　金融機関も様々である。どれだけ立派な経営計画を作成し、真摯に頼み込んでも相手にしてくれない金融機関も多い。しかし、その経営計画に根拠があり、経営者が真剣に取り組む姿勢を見せたならば、応えてくれる金融機関は必ずある。借り入れを行う際も、難しいとは思うが、そういった姿勢の金融機関を見抜き、付き合うことだ。

私も今まで多くの金融機関と関わってきた。各金融機関それぞれ特徴がある。企業の経営改善を全面的に支援してくれる金融機関もあれば、回収しか頭にない金融機関もある。金融機関の各担当者の立場や気持ちは分かるが、物理的に返済できない会社に迫ってもしょうがないとも思う。

　しかし、それはいずれにしても、「説得力のある新たな方向性」と「経営者の覚悟」、そしてそれを依頼する「経営者の態度」次第だと思う。

　金融機関にとっても、融資先企業の業績が回復すれば、債務者区分のランクが上がり、必要な貸倒引当金が少なくなる。やがて優良な取引先になるかもしれない。そういうふうに信用してもらえるよう、金融機関に対してはあくまでも真摯に接しなければならない。

資産売却について

　なお、経営改善にあたっては、不要資産の売却は行わなければならない。金融機関などは、経費削減に加えて、担保に入っていない資産の売却などを真っ先に促してくる。

　ところが、資金不足で悩んでいる会社（経営者）に限って、こういった資産を守ろうとする。しかし、ここは売りたくない資産であっても売るしかないのである。経営者は、今、何が一番大事なのかをよく考えてほしい。ここでも経営者の改善への本気度が問われるのである。

　使用頻度が低い（または使っていない）土地、建物、車両、不要材料・工具の売却、保険の解約と見直しなど、資産売却の具体策はたくさんある。

　売却にあたっては、市場で売るだけでなく、身近な人に相対で引き取ってもらうのが良い場合もある。市場価格より高く処分できること

第5章　永続的に自社を発展させる経営改善の"仕組み"を作る

もある。とにかく、不要資産はプライドを捨てて極力売却し、資金を調達すべきである。

図表64　金融機関への報告シート（サンプル）

（3カ年収支計画）

平成27年3月期（計画1年目）	
売上高	3,000,000
売上総利益	333,158
売上総利益率	11.1%
一般管理費	233,933
営業利益	99,225
営業利益率	3.3%
営業外収入	9,500
営業外費用	109,000
経常利益	▲ 275

（H27年度最終結果）

平成27年3月期（結果）	
売上高	3,201,362
売上総利益	548,198
売上総利益率	17.1%
一般管理費	266,357
営業利益	281,841
営業利益率	8.8%
営業外収入	16,897
営業外費用	113,571
経常利益	185,167

（6月時点確定分）

（計画比）	＋	195,362
（計画比）	＋	215,144
（計画比）	＋	6.0%
（計画比）	＋	31,695
（計画比）	＋	183,449
（計画比）	＋	5.5%
（計画比）	＋	11,906
（計画比）	＋	4,571
（計画比）	＋	190,784

平成28年3月期（計画2年目）	
売上高	306,000
売上総利益	354,158
売上総利益率	115.7%
一般管理費	214,233
営業利益	139,925
営業利益率	45.7%
営業外収入	9,500
営業外費用	108,000
経常利益	41,425

平成28年3月期（修正計画値）	
売上高	3,200,000
売上総利益	550,000
売上総利益率	17.2%
一般管理費＋労務費増加分	300,000
営業利益	250,000
営業利益率	7.8%
営業外収入	9,500
営業外費用	108,000
経常利益	151,500

平成28年3月期（6月時点）	
売上高	2,318,949
売上総利益	340,145
売上総利益率	14.7%

6月現在の粗利益確保率 61.8%

第6章

短期間で抜本的な改革を成し遂げた企業のケーススタディ

第6章　短期間で抜本的な改革を成し遂げた企業のケーススタディ

　前章まで述べてきたことが、実際にどのような効果を生むのか。私がこれまでサポートしたいくつかの事例をご紹介しよう。

ケース１

年間約3000万円の営業赤字と売上高に匹敵する借り入れがあったが、わずか１年で約３億円の営業黒字にまで急回復

ケース１のポイント

- ●「３年での経営改善」が銀行団の条件。計画が１年でも滞ればその時点で清算という背水の陣でスタート。
- ●必要な年間粗利益額を算出するとともに、過去３年分の完成工事の採算明細をチェック。年間500件中30件が赤字工事（合計赤字額１億円以上）と判明。
- ●営業会議、工事会議を毎月開催し、受注段階、工事段階での利益確保を徹底。
- ●改善前年度は3000万円の赤字だった営業利益が初年度から２億8000万円の黒字に急回復。その後もさらなる営業利益の上積みを目指す。

〈以前の状況〉

　設備工事業を営む従業員約100人の会社のケースである。年間売上高が30億円で、直近の決算が営業利益ベースで約3000万円の赤字を出していた。以前はもっと売上があったが、それが徐々に減少し、業績を回復させるため売上高を追いかけ続けていくうちに、結果として赤字工事の受注が増え、経営不振に陥ったのである。

　しかも、借入金が30億円と売上高に匹敵する金額になっていた。通常、借入金が売上高の半分を超えると経営改善は難しいのだが、それよりはるかに悪い状況であった。

〈取り組みの経緯〉

　取引銀行はメガバンクや地元の地銀をはじめ6行あった。メインバンクである地銀は、いったんは清算もやむなしの判断に傾きつつあったが、再度経営の立て直しをさせることを決断。私のところへ地元自治体を通して、実態調査を含めた抜本的改善の依頼があった。

　いざ引き受けてみると、他の銀行からは強硬な反対意見もあり、入り口で議論は紛糾。とりあえず「3年での経営改善」で銀行団の承認を得たものの、計画が1年でも滞ればその時点で終了（清算）という背水の陣でのスタートであった。

　計画では、各行との調整期間も含めて現状の実態調査と報告に4カ月かけることになっていた。また、経営改善計画の作成と承認に3カ月かけ、経営改善計画の実行は調査開始から7カ月後となっていた。

　しかし、それでは会社がもたないと判断し、実際は実態調査と経営改善の基本方針策定を約2カ月で終え、3カ月目より経営改善に着手した。

〈基本方針の策定〉

　まず、この会社に必要な粗利益額を算出した。その時点での一般管理費は年間3億円であり、営業黒字にするには粗利益でまず3億円は必要である。また、年間1億円の支払利息がかかっており、経常黒字にするには4億円が必要である。

　さらに、借入金の元本返済額を仮に1億円、疲弊している従業員の待遇改善や最低限の設備投資等を5000万円と見て合計1億5000万円を加算する。この会社がいわゆる「ゴーイング・コンサーン（継続企業）」として正常に活動していくためには、粗利益で5億5000万円が

必要ということになる。

　前年は売上高30億円で粗利益は２億7000万円である。売上高は維持したまま、粗利益を５億5000万円にまで伸ばす。これを当面、目指すべき絶対目標とした。

　一方、社員の給与はいっさい下げないことにした。ただし、交際費は大部分をカットし、役員の旅費交通費なども大幅に見直すことにした。

　前年の粗利益率は９％なので、それを１年で18％超まで持っていかなければならない。利益額および利益率を倍にすることが必要なのである。

　多くのコンサルタントは、「前年比で売上と利益を103％に改善」などといかにも現実的そうに見えて、実は中途半端でしかない数値に設定することが多い。繰り返しになるが、大事なのは売上ではなく利益の確保である。そして、難しくても無理に思えても、会社を存続させたいのであればその数字を出すしかない。

〈具体的な施策〉

　基本計画の取りまとめに続いてやったのは、正確な経営数値の把握である。過去３年分、完成工事の採算明細をすべて出してもらって１件ずつ収支をチェックした。当初の実行予算書と結果を突き合わせると、黒字で受注したはずなのに赤字で終わっているケースが同社の年間工事500件中、30件もあり、金額では１億円以上にもなることが判明した。

　さらに、役員から若手まで社員全員との一対一の面談を実施した。一人30分で１日に10人、週２日充てて１カ月以上かかった。面談で

は基本計画を説明して協力を依頼するとともに、社員の不満や意見を聞き、それらを整理した。これによって、経営改善の具体的な方向性が固まった。

　続いて、営業会議を毎週実施することにした。その会社では今まで営業会議は行われていなかった。私が司会進行を行い、社長にも出席してもらった。会議では、会社の状況を説明するとともに、利益を前提とした進捗状況を各人に報告してもらい、議論した。議論のテーマは常に目標とする粗利益の確保である。また、赤字受注をしないため、営業担当者が受注する前に必ず工事担当者と打ち合わせすることをルールとした。全社で粗利益を目指し、営業担当者と工事担当者が受注前にその現場の採算について、そして目指すべき粗利益について「話し合う」。それだけで、赤字受注はその後１件もなくなった。

　工事担当者による工事会議も行った。毎月１回、月末の金曜日の夕方に集まってもらい、各現場の進捗状況の確認に加えて、営業責任者の同席のもと、粗利益目標の進捗についても報告し合うことにした。

　また、利益面において、特に結果が出やすいのが少額工事だ。この会社では、１件200万円以下の工事を少額工事と分類していた。少額工事は工事部門に直接、発注が来る。それまで、少額工事も慣習的に原価に10％の利益を乗せているケースが多かった。しかし、少額工事は発注側も、見積もり金額にあまりこだわらないことが多い。そこで、利益率の目標を30％に設定してもらった。すると、予想以上にすんなり通ることが分かり、今では平均利益率は30％を超えている。

〈取り組みの結果〉
　改善前年度は3000万円の赤字だった営業利益が初年度で２億8000

万円に急回復。その結果、冬のボーナスから社長が社員一人ひとりに「ありがとう」と声掛けしながら手渡しすることができた。それは現在も続けている。

　改善3年目である今期も、さらなる営業利益の上積みで2億8000万円、来年度以降は3億円以上の営業利益を目指している。

改善前年度	・売上高　　　30億円 ・粗利益　　　2億7000万円（粗利益率9％） ・一般管理費　3億円 ・営業利益　　▲3000万円
改善初年度	・売上高　　　31億円 ・粗利益　　　5億5000万円（粗利益率約18％） ・一般管理費　2億7000万円 ・営業利益　　2億8000万円（営業利益率約9％）
改善2年度目	・売上高　　　30億円 ・粗利益　　　5億8000万円（粗利益率約20％） ・一般管理費　3億1000万円 ・営業利益　　2億7000万円（営業利益率9％） ※待遇改善など一般管理費をアップしたため、粗利益はアップしたが営業利益は微減

ケース2

売上高2億円で借り入れ2億円の設計事務所。
社内のコミュニケーションを改善し
外注費を大幅に圧縮することで黒字化達成

ケース2のポイント

- 社員同士の横のつながりがほとんどなく、仕事量が増えてくるとすぐ外注に出す傾向があり、外注費は年間6000万円以上。
- また、設計事務所のため年間売上の70％は人件費に充てられていた。そこで、売上高と外注費（3分の1に削減）の2点を目標に。
- 外注費の削減に対して社員からは強い反発があったが、毎週会議を行い会社の状況を説明し、どう変えていくか繰り返し説得。
- 次第にみんなで協力し合おうという雰囲気が生まれ、改善前年度1000万円の赤字だった営業利益が、初年度で5000万円の黒字に改善。

〈以前の状況〉

　公共工事が90％以上で、売上が年間2億円、社員15人の設計事務所のケースである。

　以前は売上が4億円程度あったが、相談を受けたときは売上が大幅に減っており赤字に転落。しかも、銀行借入が2億円あった。そのため、金利だけで年間1000万円、そのほか借入元金で年間3000万円の返済が必要な状況だった。

〈取り組みの経緯〉

　私の記事が載っていた新聞を見て、経営者の方から電話を直接いただいた。まず、全社員面談を行い社員の意見を聞いてみると、社員同士の横のつながりがほとんどなく、仕事が増えてくるとすぐに外注に

出す傾向があることが分かった。年間の外注費は6000万円以上もあり、そのうち自社で処理可能な業務が8割を占めていた。売上が上がっても外注費が増えるだけという、構造的な問題があったのである。

〈基本計画の策定〉

　この設計事務所の場合、売上高２億円のうち70％以上は人件費（年間１億4000万円）であり、材料費・諸経費は1000万円程度であった。銀行への借入金の支払金利は年間1000万円、返済元金は年間3000万円だった。

　設計事務所の場合、建設会社とは違い、設計人員の経費は労務費とはならず、一般管理費の人件費となる。上記のように材料費の割合は少ないので、外注費をどれくらい減らせるかが利益確保の大きなポイントとなる。よって、同社では粗利益ではなく、売上高と外注費の２点を社員全員の目標にすることにした。

　具体的には、外注費に全社年間予算を設け、従来より大幅に下げた2000万円とした。また、それにともない、会社として最低限必要な売上高は、人件費（１億4000万円）、材料費・諸経費（1000万円）、銀行への支払金利（1000万円）、返済元金（3000万円）、外注費（2000万円）の合計である２億1000万円となった。

　そして、社員全員を集めた説明会で、会社が正常に経営できるようになるためには売上高２億1000万円以上が必要なこと、そのためには外注費を2000万円以内に抑える必要があること、今後は皆で協力し合って仕事を進めてほしいこと、の３点を説明した。

　社員からは「外注しないと仕事が回らなくなる」との大ブーイングがわき起こった。しかし、事前の社員面談で、社内の設計士どうしの

コミュニケーションがうまくいっておらず、お互いに協力する雰囲気がないことが分かっていた。自分が忙しくなると同僚に応援を頼むより、外注へ出すのが当たり前になっていたのだ。

「とにかく外注に出さず、社内でこなすようにしてほしい」「外注費は年間2000万円までということを意識してほしい」とひたすら丁重に頼んだ。

また、毎週、会議を行うよう提案したら、「必要ない。集まる必要があるときはやっている」との返事だった。これも、とにかく期日を決めて定期的にやってほしいと頼み込んだ。こうして月1回、設計士全員が参加する全社会議を行い、会社の財務状態を説明しながら、どういうふうに変えていくのかを毎回同じように説明した。すると、「できない、できない」と言っていた社員が、少しずつではあるが業務を分担する動きが出てきた。ちなみに、「内製化」は経営改善のキーワードのひとつである。

また、社長はそれまで社員とほとんど話をしないタイプで、「社長は何もしない」という不満が社員の間で強かった。そこで、社長にはトップ営業に回ってもらい、その内容や結果を社内会議で報告するようにしたら、「社長も頑張っているんだ」という声が出てきた。

〈取り組みの結果〉

改善前年度と比較しての利益増加額は初年度で6000万円、2年目においては7000万円である。

社内では、とにかく可能な限り社内で作業を行い、極力外注費を減らそうという動きが顕著になった。そして何より、皆で協力し合おうという社風が根付きつつある。

改善３年目である今期も売上はほぼ確保。社内協力体制も、作業内製化もさらに順調に進んでいる。今後は借入金の返済継続に向けて、この状況を続けるのみである。

　改善に携わった当事者として、ここまでの道のりは２年程度という短期間とはいえ簡単とは言えなかったが、文章にすればこれ以上でも以下でもない。

　なお、私が関わらせてもらっている設計事務所は他にもあり、それらも１年程度でほぼ同様の結果が出ている。

改善前年度	・売上高　　　　２億円 ・外注費　　　　　6000万円（外注比率30％） ・その他経費　１億5000万円 ・<u>営業利益</u>　　▲　1000万円（元金返済できず）
改善初年度	・売上高　　　　２億2000万円 ・外注費　　　　　2000万円（外注比率約9％） ・その他経費　１億5000万円（支払金利込み） ・<u>営業利益</u>　　　5000万円（営業利益率約23％）
改善２年度目	・売上高　　　　２億4000万円 ・外注費　　　　　2500万円（外注比率約10％） ・その他経費　１億5500万円（賞与支給額増加） ・<u>営業利益</u>　　　6000万円（営業利益率25％）

ケース3

**賃貸収入でなんとか黒字の建設会社。
赤字受注をすべてストップすることで
より強固な経営基盤の構築へ**

ケース3のポイント

- 売上高90億円で無借金経営にもかかわらず、営業利益は赤字続き。
- 年2〜3件、大幅な赤字工事があり、それが会社全体の営業赤字になっていることが判明。それらは営業部長の肝いりで受注している案件。
- それまでなかった営業会議を毎週、実施。赤字の可能性のある工事は受注しないこと、受注前に工事部門と打ち合わせすることを基本に。
- 営業部長の行き過ぎた営業に制御がかかり、赤字工事がなくなる。改善前年度には4000万円の赤字だった営業利益は、初年度で1億5000万円の黒字。

〈以前の状況〉

　売上高90億円で無借金経営の建設会社のケースである。営業利益はずっと赤字なのだが、不動産の賃貸収入などの営業外収益で補てんし、経常利益ではなんとか黒字を確保している。

　本来ならもっと利益が出てもおかしくない。財務体質も、より強固になる可能性がある。そう考えた社長から、直接相談を受けた。

〈取り組みの経緯〉

　コンサルティングを引き受けてまず行ったのは、過去5年間に手掛けた工事現場の収支一覧表を出してもらいチェックすることだった。

　すると、4年連続で営業赤字が続いていた原因として、年2〜3件、大幅な赤字工事があり、それがそのまま会社全体の営業赤字になって

いることが判明した。中には、8000万円で受注しながら、工事原価が1億2000万円かかった現場もあった。

営業担当の部長になぜこうした大幅な赤字工事が発生しているのか理由を聞くと、「受注するしかなかった」「プライドもある」という答え。大幅な赤字工事はほとんど、この部長の肝いりで受注している案件だったのである。

〈具体的な施策〉

それまでなかった営業会議を毎週、実施することにした。また、建築部門と修繕部門のそれぞれの工事会議も月に1回、実施することにした。

営業会議ではとにかく「売上高」ではなく「粗利益」を意識してもらい、赤字になる可能性のある工事は受注しないこと、受注前に工事部門と必要最低限でいいので打ち合わせをすることを基本とした。

すぐに徹底して守られたわけではないが、会議を重ねるうちに徐々に「赤字はまずいな」という雰囲気が出てきた。いままで自由に営業活動をしていた営業部長からは会うたびに微妙な表情をされたが、徐々に会議で率先して発言するようになり、最近では「営業会議あっての営業部」とまで言ってくれるようになった。

〈取り組みの結果〉

翌年から赤字工事は完全になくなった。営業部長の行き過ぎた営業に制動がかかったことから赤字工事が一切なくなったため、工事担当者にも予算管理の意識が出始めてきた。今までは「頑張ってもどうせ赤字の穴埋めにしかならないだろう」という意識が変わってきたので

ある。会社全体としても、「状況によってはやむを得ず赤字になる工事もある」という甘い考え方がなくなっていった。その損失分があれば、どれだけボーナスが出るのか、と普通に考えれば当然の感覚である。

　このように、全社の目標粗利益を意識することで、赤字工事は必ず減っていく。赤字工事が減れば、工事担当者も前向きになり、予算管理の意識が向上していく。会社の収益も大幅に改善される。単純な、そして当然のサイクルである。受注における変な意地など、一切必要ない。

改善前年度	・売上高　　　　90億円 ・粗利益　　　　6億2000万円（粗利益率約7％） ・一般管理費　　6億6000万円 ・<u>営業利益　　▲　　4000万円</u>
改善初年度	・売上高　　　　92億円 ・粗利益　　　　8億1000万円（粗利益率約9％） ・一般管理費　　6億6000万円 ・<u>営業利益　　　1億5000万円</u>
改善2年度目	・売上高　　　　85億円 ・粗利益　　　　9億2000万円（粗利益率約11％） ・一般管理費　　7億円 ・<u>営業利益　　　2億2000万円</u>

ケース4

公共工事の元請けをしていたが経営難から下請けにビジネスモデルを転換。資金繰りが大幅に改善し経営も安定

ケース4のポイント

- 売り上げの90％以上が土木公共工事の元請け。無理な受注がたたって倒産寸前。
- 元請けをやめ下請けになることを提案。当初、社長は難色を示したが、覚悟を決めて営業に回ったところ、他社との日頃の付き合いが良かったこともあり、スムーズに下請け工事を受注。
- 下請け工事が全体の90％になり、売上は減ったものの営業利益は黒字に転換。今後は下請けメインで進む方針。

〈以前の状況〉

　売上の90％以上を土木の公共工事の元請けが占めていた建設会社のケースである。公共工事が削減される中、無理な受注がたたって経営が悪化。倒産寸前にまで追い込まれた。そこで金融機関を通じて、「何とか立て直せないか」との相談があった。

〈取り組みの経緯〉

　公共工事の元請けは、受注できたとしても工事費の半分以上は工事がすべて完了してからしか支払われないケースが多い。そのため、財務体質が相当しっかりしていないと資金繰りで行き詰まることになる。この会社もそういう状態だった。

　経営改善に取り組むにあたって、公共工事の元請けを続けること自体に無理があった。そこで私が提案したのは、ビジネスモデルを変え

て下請けになることだった。社長には、元請工事を受注している地元の別の建設会社数社を訪ね、「下請けに入らせてほしい」と頼むよう指示した。最初は「そんな格好悪いことできない」と言っていたが、他に打つ手はない。覚悟を決めて営業に回ってもらった結果、他の建設会社の経営者との日頃の付き合いが良かったこともあり、比較的にスムーズに下請け工事を受注することができた。

建設会社にはそれぞれ自社の施工部隊でさばける工事量の上限があり、それを超えて受注しても、結局は別の会社に下請けに出すしかない。また、元請け工事はすべて完了しないと全額支払いを受けられないことが多いが、下請け工事であれば、元請け会社との交渉によっては出来高で支払ってもらうことも十分可能である。

〈取り組みの結果〉

今では下請け工事が全体の90％になり、支払いは基本的に出来高現金にしてもらっているため資金繰りも改善した。

また、元請けでは必要な煩雑な提出書類の作成も不要になったのに加え、仕事をもらえる元請けの土木会社が複数あるので、仕事の谷間が少なくなってきた。付き合いのある元請けのどこかが落札すれば、この会社に仕事が下請けとして流れるようになっているのである。

経営が改善し、元請けとして公共工事の入札に参加することも選択肢として考えられたが、「下請けのほうが資金繰りも楽で、利益が出ていい」と社長は新しいビジネスモデルで進む方針である。

第6章　短期間で抜本的な改革を成し遂げた企業のケーススタディ

改善前年度	・売上高　　　　5億円 ・粗利益　　　　3000万円（粗利益率6％） ・一般管理費　　6000万円 ・<u>営業利益</u>　▲　3000万円
改善初年度	・売上高　　　　4億円 ・粗利益　　　　6500万円（粗利益率約16%） ・一般管理費　　6000万円 ・<u>営業利益</u>　　　500万円
改善2年度目	・売上高　　　　4億円 ・粗利益　　　　8500万円（粗利益率約21%） ・一般管理費　　6500万円 ・<u>営業利益</u>　　　2000万円

ケース5

会社幹部5人が中心の建設会社。
幹部5人全員がサポート業務に回り、若手管理職を抜擢。
社内コミュニケーションが飛躍的に改善、業績もV字回復

ケース5のポイント

- 何とか利益は出ているが、経営幹部が社員をうまくまとめられていなかった。
- 社員との面談、幹部とのミーティングなどを重ねた上で、それまでの幹部は全社の技術的サポートに回ってもらうことを提案。代わりに熱意ある中堅社員を幹部に抜擢。
- 改善前年度は5000万円だった営業黒字が、改善初年度で2億3000万円に急伸。賞与をアップ。

〈以前の状況〉

　会社は比較的、利益が出る営業構造になっているが、経営幹部が社員をうまくまとめられていないため、社内組織が機能していなかった。経営者から幹部への指導を強く要請され、コンサルティングに入ることになった。

　全社的に利益意識は比較的あるものの横のつながりが弱く、実行予算への意識も高くない。営業赤字ではないものの、創業以来の借入金が重くのしかかり、金融機関への毎年の支払金利と元金返済は1億円にものぼっていた。

〈取り組みの経緯〉

　知人からの紹介でコンサルティングを引き受けた私は、いつものように経営者へのヒアリングと社員面談を行い、なぜ社員と幹部の連携

が良くないのかを確認してみた。

　経営幹部は経営幹部なりに社員と接し、ミーティングも開いていた。しかし、それは形式的なもので、社員の意見を聞いてはいるものの、それがまったく生かされておらず、むしろ社員の信頼を著しく損なっていた。

　一般的に、社員の意見には複雑なものや、自分勝手なものも稀にあるが、多くは「なるほど、それはそうだな」と気付かされる点が多く、また比較的単純ですぐに対応できるものが圧倒的に多い。それなのに、多くの企業では管理職がなぜか社員の意見をほったらかし、対処しないのである。比較的単純であるが故に安易に考え、後回しにしているのかもしれない。

　しかし、「こんな簡単なことも対処してくれないのか？」と社員は思い、管理職にはもう何も言わなくなる。言っても無駄だと思うからだ。一方、そういう社員について管理職は、「あの社員は態度が悪い」「上司の話を聞く姿勢がない」と思うようになる。

　こうした場合、原因は管理職にある。悪いのは管理職である。しかも、そういった経緯を経営者は理解していないことが多い。社員との関係がそのような状態で、管理職が会社の方針や要望を伝えても、社員が応えてくれるはずもない。社員は細かな不満や不安を多く抱えている。その細かな話を地道に聞かなくて、何が管理職であろうか。

　そこで、私はこの会社の幹部５人を集めて「社員の皆の話に耳を傾けてほしい」と頼み、幹部と私で毎週ミーティングを開いた。社員への接し方や伝え方、考え方などについて丁寧に話をした。ミーティングは２カ月続いた。

人には得手不得手が少なからずある。この会社の幹部は横柄な態度も少なく、非常に良い人たちであった。また、それぞれの部門でキャリアがあり、経験や技術も比較的優秀だった。ただ、社員の気持ちや表情を察することが極めて苦手な人たちだったのだ。
　私は経営者に対し、彼らには全社の技術的なサポートに回ってもらうことを提案した。そして、ある中堅社員を新たに管理職に抜擢するよう進言した。
　その社員からは、会社を思う気持ちや仕事への熱意には確かなものが感じられた。彼に対して、今までなぜ会社がうまく回らなかったのかを説明し、経営者と私と一緒になって様々な社内の問題や社員の意見に対応していくことを頼んだ。
　会社の基本ルールも改めて見直し、業務が滞っていた部分は大きく変えていった。定例化した各種ミーティングでは、参加した社員から出てきた意見でもっともなものはすぐ取り入れるようにした。社員に対しても、会社の要望をその理由から丁寧に話をした。
　こうして会社全体で利益意識は徐々に高まっていき、目標達成に向けて実行予算の管理なども懸命に行うようになってくれたのである。

〈取り組みの結果〉

　改善前年度から営業利益が出ており、利益率も高かった。それが加速していった。初年度も2年目も改善前年度に比べ、利益は2億円近く増加している。一般管理費の増加分は社員の賞与アップである。借入金の返済はまだあるものの、利益が増えた分はすべて賞与に回した。

　今ではさらに次世代管理職の育成と、利益構造の組み立てを作るために皆で知恵を絞っている。

改善前年度	・売上高　　　　　40億円 ・粗利益　　　　　6億5000万円（粗利益率約16％） ・一般管理費　　　6億円 ・<u>営業利益　　　　5000万円</u>
改善初年度	・売上高　　　　　40億円 ・粗利益　　　　　8億5000万円（粗利益率約21％） ・一般管理費　　　6億2000万円 ・<u>営業利益　　　　2億3000万円</u>
改善2年度目	・売上高　　　　　38億円 ・粗利益　　　　　8億6000万円（粗利益率約23％） ・一般管理費　　　6億3000万円 ・<u>営業利益　　　　2億3000万円</u>

おわりに

　先日、ある会社の専務から、「中西さんは、何をモチベーションにここまで大変な業績改善の仕事をやっているのですか？」と聞かれた。

　何なのか、そのときに改めて考えてみた。業績改善を期待されてコンサルティングに入るわけだから、業績のV字回復を行うのが私の義務なのだが、モチベーションとなると正直、「絶対できっこない」と言った人たちを見返したいという思いが強かったような気がする。本質的には、それぞれの会社の社員の待遇改善を含めた幸せのためと思っているが、原動力となるとそういった答えになってしまう。

　最近では「あなたのようなコンサルタントは見たことがない」とよく言われる。いい意味なのか、悪い意味も少し入っているのかは分からないが、「絶対的な結果」と「社員の方々の幸せ」という２点だけは揺るがず強く思っている。

　本文中では、一般的なコンサルタントが本来の役割を果たせていないのではないかということを偉そうに書かせていただいた。
　残念ながら私自身キャリアを重ねれば重ねるほど、その思いは強くなっている。裏を返せば、そんなことを言う以上、自分は絶対に結果を残し続けなければならない。

　果たして皆さんの期待に完全に応えられているかというと、自信はまだないし、至らぬ点もまだまだあると思う。しかし、それぞれの会社の方々や各種機関の方から少なからず必要とされていること、期待

されていることはいつも強く感じている。
　それぞれの顧問先の経営改善に携わりながら、自分自身も成長させてもらっていることが実感できる。そうした自分自身の成長を、またそれぞれの顧問先に、そして社会に還元していきたい。

【プロフィール】
中西宏一　なかにしこういち
昭和42年石川県金沢市生まれ。法政大学文学部卒業。地元大手商社の営業部長、大手コンサルティングファームで金沢支社長を務めた後、平成20年にk・コンサルティングオフィスを個人開業。平成27年法人化。建設業界の業績改善に大きな強みを持つコンサルタントとして、ゼネコン、工務店、設備会社など多数の顧問先の経営改善に取り組んできた。社員全員と面談を行うなど、顧客に深く入り込むコンサルティングを強みとし、顧問企業の90％以上は２年以内に業績が大幅改善するという圧倒的な実績を残す。２年で利益が80倍になった例もある。

本書についての
ご意見・ご感想はコチラ

たった１年で利益を10倍にする
建設業のための経営改善バイブル

2016年９月14日　第１刷発行
2020年12月25日　第４刷発行

著　者　　中西宏一
発行人　　久保田貴幸
発行元　　株式会社 幻冬舎メディアコンサルティング
　　　　　〒151-0051　東京都渋谷区千駄ヶ谷4-9-7
　　　　　電話 03-5411-6440（編集）

発売元　　株式会社 幻冬舎
　　　　　〒151-0051　東京都渋谷区千駄ヶ谷4-9-7
　　　　　電話 03-5411-6222（営業）

印刷・製本　シナノ書籍印刷株式会社

検印廃止
©KOICHI NAKANISHI, GENTOSHA MEDIA CONSULTING 2016
Printed in Japan
ISBN 978-4-344-99482-9 C2034
幻冬舎メディアコンサルティングHP
http://www.gentosha-mc.com/

※落丁本、乱丁本は購入書店を明記のうえ、小社宛にお送りください。送料小社負担にてお取替えいたします。
※本書の一部あるいは全部を、著作者の承諾を得ずに無断で複写・複製することは禁じられています。
定価はカバーに表示してあります。